누구나 읽을 수 있는

수학의 역사

V

근세 수학사 1

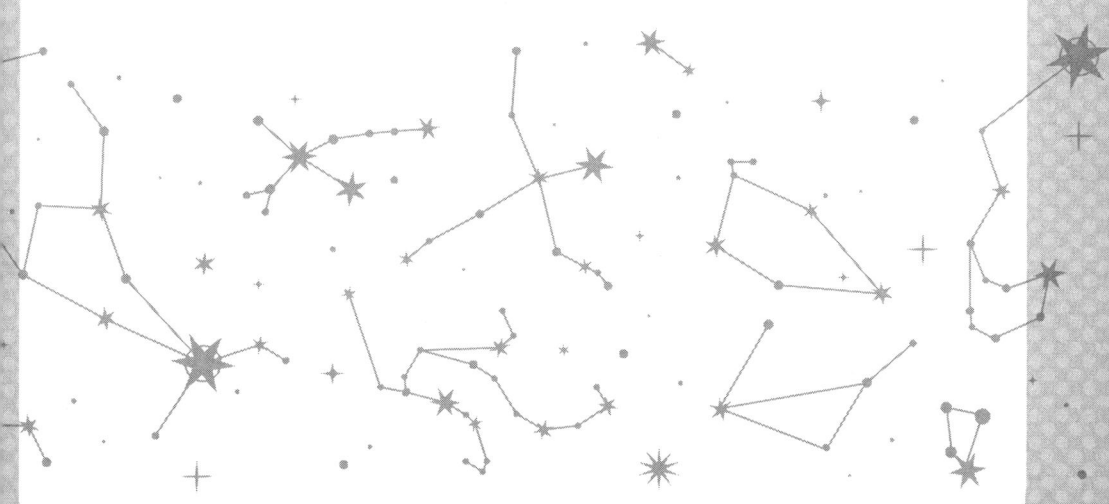

누구나 읽을 수 있는 수학의 역사 V
(근세 수학사 1)

초판발행   2024년 10월 1일

저 자   정완상
펴낸곳   지오북스
등 록   2016년 3월 7일 제395-2016-000014호
전 화   02)381-0706 / 팩스   02)371-0706
이메일   emotion-books@naver.com
홈페이지   www.geobooks.co.kr

ISBN   979-11-94145-13-4
값   15,000원

이 책은 저작권법으로 보호받는 저작물입니다.
이 책의 내용을 전부 또는 일부를 무단으로 전재하거나 복제할 수 없습니다.
파본이나 잘못된 책은 바꿔드립니다.

서문

저는 2004년부터 지금까지 주로 초등학생을 위한 과학 수학 도서를 써왔습니다. 초등학생을 위한 책을 쓰면서 많이 즐겁지만 한편으로 수학을 사용하지 못하는 점이 많이 아쉬었습니다. 그래서 수식을 사용할 수 있는 일반인 대상의 수학 과학책을 써 볼 기회가 저에게도 주어지기를 희망해 왔습니다.

저는 1992년 KAIST(한국과학기술원)에서 이론물리학의 한 주제인 〈초중력 이론〉으로 박사학위를 받고 운 좋게도 1992년 30세의 나이에 교수가 되어 현재까지 경상국립대학교 물리학과에서 교수로 근무하고 있습니다. 저는 현재까지 300여 편의 논문을 수학이나 물리학의 세계적인 학술지 (SCI 저널)에 게재했고, 여가 시간에는 취미로 집필활동을 합니다.

드디어 한국에도 수학의 노벨상이라고 부르는 필즈상 수상자가 나왔습니다. 이제 많은 수학영재들이 제 2의 허준이를 꿈꾸는 시대가 되었습니다.

수학의 영웅들을 역사를 통해 만나보고 그 영웅들이 어떤 수학문제를 골똘하게 생각하고 해결해냈는지를 아는 것은 굉장히 중요합니다. 이를 통해 앞으로 어떤 수학 연구를 해야하는 지를 알 수 있기 때문입니다. 이것이 바로 수학의 역사를 집필하게 된 목적입니다. 수학의 역사 시리즈를 통해, 최초의 수학자 탈레스부터 한국 최초의 필즈상 수상자 허준이까지를 다루었습니다.

이 책에서 저는 수학자들이 한 일을 역사와 곁들여 다루었습니다. 그들이 한 수학적 업적을 중학교 정도의 수학으로 이해할 수 있도록 다루어 보았습니다. 이 책은 미래의 필즈상을 꿈꾸는 학생들이나 수학 영웅들의 이야기에 관심이 많은 일반인들이 읽을 수 있도록 꾸며 보았습니다. 조금 어려운 내용

| 1

은 네이버카페 〈 정완상의 수학과 물리〉에 자료로 올려놓았습니다.

5권에서는 위대한 수학 가문 베르누이 가문에서 시작해, 드모아브르 이야기와 수학의 왕자 오일러의 이야기를 다룹니다. 오일러가 수학사에서 한 일을 일부만 썼음에도 부족하다는 생각이 듭니다.

끝으로 이 책의 출간을 결정해준 지오북스의 김남우 사장과 직원들에게 감사를 드립니다. 그리고 프랑스 수학자들의 원문 번역에 도움을 준 아내에게 감사를 드립니다. 그리고 이 책을 쓸 수 있도록 멋진 수학을 만들어 낸 수학사의 영웅들에게도 감사를 드립니다.

진주에서 정완상 교수

목 차

제 1 장   베르누이 형제   5

제 2 장   드모아브르   41

제 3 장   수학의 왕자 오일러   61

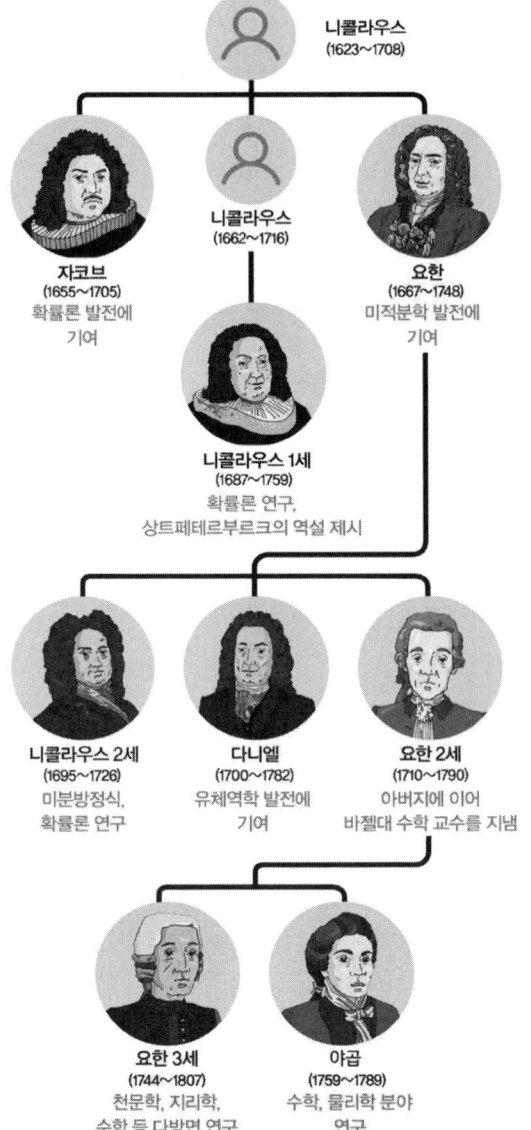

제1장

베르누이 형제

1-1 베르누이 가문

이제 역사상 가장 위대한 수학 가문인 베르누이 가문에 대해 소개하자. 베르누이 가문은 3대에 걸쳐서 8명의 수학자를 배출한 스위스의 위대한 수학가문이다.

[1대]
야콥 베르누이(Jacob Bernoulli 1654-1705) : 장남. 베르누이 수, 베르누이 확률분포, 베르누이 미분방정식의 창시자.
요한 베르누이(Johann Bernoulli 1667-1748) : 야콥의 동생. 미적분 연구, 로피탈의 정리의 발견

[2대]
니콜라우스 베르누이 1세 (Nicolaus I Bernoulli 1687-1759) : 니콜라우스 베르누이의 아들. 곡선이론, 미분방정식, 확률론 연구.
니콜라우스 베르누이 2세 (Nicolaus II Bernoulli 1695-1726) : 요한 베르누이의 장남, 상트페테르부르크 대학 수학 교수

다니엘 베르누이 (Daniel Bernoulli 1700-1782) : 요한 베르누이의 차남, 유체역학에서의 베르누이 방정식 발견

요한 베르누이 2세 (Johann II Bernoulli 1710-1790) : 요한 베르누이의 3남, 수학자이자 물리학자.

[3대]

요한 베르누이 3세 (Johann III Bernoulli 1744-1807) : 요한 베르누이 2세의 장남, 천문학자 및 수학자

야곱 베르누이 2세 (Jacob II Bernoulli 1759-1789) : 요한 베르누이 2세의 3남, 물리학자 및 수학자

8명 중에서 야곱 베르누이와 요한 베르누이 형제가 유명하다. 먼저 야곱 베르누이에 대해 알아보자.

(Jacob Bernoulli[a] 1655-1705 스위스)

야콥 베르누이는 스위스 바젤에서 태어났다. 아버지의 뜻을 따라 신학을 공부하다가 부모님의 뜻과는 달리 수학과 천문학도 공부했다. 그는 1676년부터 1682년까지 유럽 전역을 여행하면서 당대의 주요 인물들 밑에서 수학과 과학의 최신 발견에 대해 배웠다. 야콥 베르누이는 라이프니츠의 미분 적분을 독학으로 마스터 했다.

야콥 베르누이는 스위스로 돌아와 1683년부터 바젤 대학에서 역학을 가르치기 시작했다. 1684년 그는 주디스 스투파누스와 결혼해 두 자녀를 낳았다. 그는 1687년 바젤 대학교의 수학 교수로 임명되어 남은 생애 동안 이 직책을 유지했다.

야콥 베르누이는 동생 요한 베르누이에게 수학을 가르쳤다. 형제는 라이프니츠의 책을 통해 미분과 적분을 공부했다. 적분(integral)이라는 이름은 야콥 베르누이가 처음 사용했다. 두 사람은 당시 유럽 최고의 수학자 형제로 통했지만 시간이 흐를수록 두 사람의 관계는 라이벌 관계가 되면서 두 사람의 불화가 생기면서 두 사람의 공동연구는 깨지게 되었다.

1-2 야곱 베르누이의 무한급수

야곱 베르누이가 한 위대한 업적 중의 하나는 무한 급수에 대한 연구였다. 야곱 베르누이는 오렘의 무한 급수에 관한 연구를 살펴본 후 무한급수를 구하는 방법을 연구해 1689년 <무한급수와 유한합에 관한 논문>에 발표했다.

이제 야곱 베르누이가 증명한 공식들을 살펴보자. 다음과 같은 무한급수를 보자.

$$S = a + 2ar + 3ar^2 + 4ar^3 + \cdots \quad (0 < r < 1)$$

야곱 베르누이는 다음과 같은 식들을 생각했다.

$$S_1 = a + ar + ar^2 + ar^3 + \cdots = \frac{a}{1-r}$$

$$S_2 = \quad ar + ar^2 + ar^3 + \cdots = \frac{ar}{1-r}$$

$$S_3 = \quad\quad ar^2 + ar^3 + \cdots = \frac{ar^2}{1-r}$$

$$\vdots$$

이때,

$$S = S_1 + S_2 + S_3 + \cdots$$

가 되므로,

$$S = \frac{a}{1-r} + \frac{ar}{1-r} + \frac{ar^2}{1-r} + \cdots$$

$$= \frac{a}{1-r}(1+r+r^2+\cdots)$$

$$= \frac{a}{1-r} \cdot \frac{1}{1-r}$$

$$= \frac{a}{(1-r)^2} \qquad (1\text{-}2\text{-}1)$$

이번에는 다음 무한급수를 보자.

$$S = a + 3ar + 6ar^2 + 10ar^3 + 15ar^4 + \cdots \quad (0 < r < 1)$$

여기서, 1, 3, 6, 10, 15는 피타고라스의 삼각수이다. 야곱 베르누이는 다음과 같은 식들을 생각했다.

$$S_1 = a + ar + ar^2 + ar^3 + \cdots = \frac{a}{1-r}$$

$$S_2 = \quad 2ar + 2ar^2 + 2ar^3 + \cdots = \frac{2ar}{1-r}$$

$$S_3 = \quad\quad 3ar^2 + 3ar^3 + \cdots = \frac{3ar^2}{1-r}$$

$$\vdots$$

이때,

$$S = S_1 + S_2 + S_3 + \cdots$$

가 되므로,

$$S = \frac{a}{1-r} + \frac{2ar}{1-r} + \frac{3ar^2}{1-r} + \cdots$$

$$= \frac{a}{1-r}(1 + 2r + 3r^2 + \cdots)$$

$$= \frac{a}{1-r} \cdot \frac{1}{(1-r)^2}$$

$$= \frac{a}{(1-r)^3} \tag{1-2-2}$$

야곱 베르누이는 다음과 같은 수열의 합을 생각했다.

$$1 + \frac{1}{2^2} + \frac{1}{3^2} + \frac{1}{4^2} + \frac{1}{5^2} + \frac{1}{6^2} + \frac{1}{7^2} + \frac{1}{8^2} + \cdots \tag{1-2-3}$$

야곱 베르누이는 다음과 같이 괄호를 넣었다.

$$1 + (\frac{1}{2^2} + \frac{1}{3^2}) + (\frac{1}{4^2} + \frac{1}{5^2} + \frac{1}{6^2} + \frac{1}{7^2}) + \cdots$$

이때, $\frac{1}{3^2} < \frac{1}{2^2}$ 이므로

$$\frac{1}{2^2} + \frac{1}{3^2} < \frac{1}{2^2} + \frac{1}{2^2}$$

또는

$$\frac{1}{2^2}+\frac{1}{3^2}<\frac{1}{2}$$

이다. 두 번째 괄호에서 $\frac{1}{5^2}<\frac{1}{4^2}, \frac{1}{6^2}<\frac{1}{4^2}, \frac{1}{7^2}<\frac{1}{4^2}$ 이므로

$$\frac{1}{4^2}+\frac{1}{5^2}+\frac{1}{6^2}+\frac{1}{7^2}<\frac{1}{4^2}+\frac{1}{4^2}+\frac{1}{4^2}+\frac{1}{4^2}$$

또는

$$\frac{1}{4^2}+\frac{1}{5^2}+\frac{1}{6^2}+\frac{1}{7^2}<\frac{1}{4}$$

이다. 이런 방법으로 $\frac{1}{8^2}$ 부터 $\frac{1}{15^2}$ 까지의 합은 $\frac{1}{8}$ 보다 작다. 그러므로 구하려고 하는 무한급수는 다음 식을 만족한다.

$$1+\frac{1}{2^2}+\frac{1}{3^2}+\frac{1}{4^2}+\frac{1}{5^2}+\frac{1}{6^2}+\frac{1}{7^2}+\cdots<1+\frac{1}{2}+\frac{1}{4}+\frac{1}{8}+\cdots$$

오른쪽을 보면 첫 번째 항이 1이고 공비가 $\frac{1}{2}$ 인 무한등비급수이므로 이 값은 2가 된다[1]. 즉, 야곱 베르누이는

$$1+\frac{1}{2^2}+\frac{1}{3^2}+\frac{1}{4^2}+\frac{1}{5^2}+\frac{1}{6^2}+\frac{1}{7^2}+\cdots<2$$

가 되어, 이 무한급수가 수렴한다는 것을 알아냈지만 이 값이 얼마가 되는

---

1) 네이버카페 <정완상의 수학과 물리> 0003

지는 알아낼 수 없었다.

야곱과 요한은 두 사람의 사이가 좋았던 시절에 오렘의 무한 급수 문제를 다시 살펴보았다. 오렘은

$$S = 1 + \frac{1}{2} + \frac{1}{3} + \frac{1}{4} + \frac{1}{5} + \cdots \qquad (1\text{-}2\text{-}4)$$

가 엄청나게 큰 수가 된다고 설명했다. 형제는 이 수가 유한한 값이 될 수 없다는 것을 엄밀하게 증명하고 싶었다.

이것의 증명은 요한 베르누이가 해결했다. 요한 베르누이의 증명을 들여다보자. 요한 베르누이는 먼저 다음과 같은 무한 급수를 생각했다.

$$A = \frac{1}{2} + \frac{1}{6} + \frac{1}{12} + \frac{1}{20} + \frac{1}{30} + \cdots \qquad (1\text{-}2\text{-}5)$$

이 식은

$$A = \frac{1}{1 \cdot 2} + \frac{1}{2 \cdot 3} + \frac{1}{3 \cdot 4} + \frac{1}{4 \cdot 5} + \frac{1}{5 \cdot 6} + \cdots$$
$$= \frac{1}{1} - \frac{1}{2} + \frac{1}{2} - \frac{1}{3} + \frac{1}{3} - \frac{1}{4} + \frac{1}{4} - \frac{1}{5} + \cdots$$
$$= 1$$

이 된다. 요한 베르누이는 (1-2-4)의 무한급수에서 첫째항을 제외한 나머지 합의 분모가 2, 6, 12, 20, 30, …이 되도록 다음과 같이 썼다.

$$Q = \frac{1}{2} + \frac{2}{6} + \frac{3}{12} + \frac{4}{20} + \frac{5}{30} + \cdots$$

이때

$$S = 1 + Q \qquad (1\text{-}2\text{-}6)$$

가 된다. 요한 베르누이는 다음과 같은 식들을 생각했다.

$$A = \frac{1}{2} + \frac{1}{6} + \frac{1}{12} + \frac{1}{20} + \frac{1}{30} + \cdots = 1$$
$$B = \phantom{\frac{1}{2} +{}} \frac{1}{6} + \frac{1}{12} + \frac{1}{20} + \frac{1}{30} + \cdots = 1 - \frac{1}{2} = \frac{1}{2}$$
$$C = \phantom{\frac{1}{2} + \frac{1}{6} +{}} \frac{1}{12} + \frac{1}{20} + \frac{1}{30} + \cdots = 1 - \frac{1}{2} - \frac{1}{6} = \frac{1}{3}$$
$$D = \phantom{\frac{1}{2} + \frac{1}{6} + \frac{1}{12} +{}} \frac{1}{20} + \frac{1}{30} + \cdots = 1 - \frac{1}{2} - \frac{1}{6} - \frac{1}{12} = \frac{1}{4}$$

$$\vdots$$

이때

$$A+B+C+D+\cdots = S$$

또는

$$A+B+C+D+\cdots = Q$$

따라서 (1-2-5)는

$$S = 1 + S \qquad (1\text{-}2\text{-}6)$$

가 된다. 요한 베르누이는 (1-2-6)을 만족하는 유한한 값 S는 존재할 수 없다는 것을 알았다. 19세기 말 칸토르는 식 (1-2-6)은 유한값이 아니라 무한대라는 상태에 의해 만족된다는 것을 보였다.

1-3 야곱 베르누이의 이항분포

이제 야곱 베르누이가 확률에 기여한 업적을 살펴보자.
동전 두 개를 던지는 경우를 생각해보자. 동전의 앞면의 개수를 X라고 두면

$$X = 0, 1, 2$$

가 된다. 각각의 X에 대한 확률을 $P(X)$라고 쓰면

$$P(0) = \frac{1}{4}$$

$$P(1) = \frac{1}{2}$$

$$P(2) = \frac{1}{4}$$

이 된다. 이때 X를 이산확률변수라고 말한다. 여기서 이산은 '띄엄띄엄 떨어진'이라는 뜻이다. 이때 X가 가질 수 있는 값이 0, 1, 2로 띄엄띄엄 떨어져 있기 때문에 이 변수를 이산확률변수라 부른다.

이제 X와 $P(X)$를 표로 만들어 보자.

X	0	1	2
$P(X)$	$\frac{1}{4}$	$\frac{1}{2}$	$\frac{1}{4}$

이렇게 이산확률 변수와 각 변수에 대한 확률을 표로 만든 것을 이산확률분포표라고 부른다.

이제 일반적인 경우를 다루어 보자. 이산 확률변수 X가 취할 수 있는 값 (이것을 변량이라고 부른다)이

$$x_1, x_2, x_3, \cdots, x_n$$

이고 X가 x_i일 때의 확률이 p_i라고하면, 이산확률분포표는 다음과 같다.

X	x_1	x_2	x_3	$\cdots$	x_n
$P(X)$	p_1	p_2	p_3	$\cdots$	p_n

확률의 총합이 1이 되어야 하므로,

$$\sum_{i=1}^{n} p_i = 1$$

이다.

이때 이산확률변수 X의 기댓값을 $<X>$이라고 하면 기댓값은

$$<X> = \sum_{i=1}^{n} x_i p_i$$

로 정의된다.

이산확률변수에서 기댓값을 뺀 값의 제곱의 기댓값을 수학자들은 분산이라고 부른다. 분산은 V_X로 쓰는데

$$V_X = <(X-<X>)^2>$$
$$= \sum_{i=1}^{n}(x_i-<X>)^2 p_i$$

로 정의된다. 이 식은 다음과 같이 나타낼 수 있다.

$$V_X = \sum_{i=1}^{n}(x_i-<X>)^2 p_i$$
$$= \sum_{i=1}^{n}(x_i^2 - 2<X>x_i + <X>^2)p_i$$
$$= \sum_{i=1}^{n} x_i^2 p_i - 2<X>\sum_{i=1}^{n} x_i p_i + <X>^2 \sum_{i=1}^{n} p_i$$
$$= <X^2> - 2<X><X> + <X>^2$$
$$= <X^2> - <X>^2$$

수학자들은 분산에 제곱근을 취한 값을 표준편차라고 하고 σ_X로 나타낸다.

$$\sigma_X = \sqrt{V_X}$$

표준편차는 확률분포에서 기댓값을 구했을 때 얼마나 오차가 있는가를 나타낸다고 생각하면 된다. 예를 들어 앞에서 논의한 두 개의 동전을 던지는 경우 기댓값은

$$<X> = 0 \times \frac{1}{4} + 1 \times \frac{1}{2} + 2 \times \frac{1}{4} = 1$$

이다. 이제 분산과 표준편차를 계산해 보자.

$$<X^2> = 0^2 \times \frac{1}{4} + 1^2 \times \frac{1}{2} + 2^2 \times \frac{1}{4} = \frac{3}{2}$$

이므로

$$V_X = \frac{3}{2} - 1^2 = \frac{1}{2}$$

이 되고, 표준편차는

$$\sigma_X = \frac{1}{\sqrt{2}} \fallingdotseq 0.7$$

이 된다.

　이산확률분포 중에서 제일 유명한 이항 분포를 처음 알아낸 사람은 야콥 베르누이이다. 야콥 베르누이의 이 연구는 그가 죽은 후인 1713년에 <추측의 기술 (Ars Conjectandi) >이라는 책에 소개되었다.

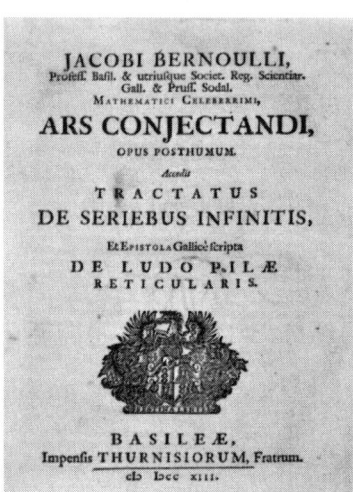

야곱 베르누이는 한 번의 시행에서 두 가지 경우가 일어나는 경우를 생각했다. 그는 두 가지 경우 중 하나를 성공이라고 불렀고, 다른 하나를 실패라고 불렀다. 예를 들어 주사위를 한 개 던지는 경우에서 다음과 같이 정의해보자.

(성공) 1의 눈이 나온다.
(실패) 1의 눈이 나오지 않는다.

이때 성공의 확률을 p라고 하고 실패의 확률을 q라고 하면

$$p+q=1$$

이 된다. 주사위를 던지는 문제에서

$$p=\frac{1}{6} \quad q=\frac{5}{6}$$

이 된다. 이렇게 하나의 시행에서 성공과 실패를 정의할 수 있는 시행을 베르누이 시행이라고 부른다.

야곱 베르누이는 이러한 시행이 독립적으로 여러 번 이루어지는 경우를 생각했다. 예를 들어 베르누이 시행을 3번 독립적으로 하는 경우는 보자. 이러한 시행을 독립시행이라고 부른다. 이때 일어날 수 있는 경우는

(i) 0번 성공
(ii) 1번 성공
(iii) 2번 성공
(iv) 3번 성공

이중 한 번이 성공으로 나오는 경우를 보면

      1번시행- 성공 2번시행 – 실패 3번시행 – 실패
      1번시행- 실패 2번시행 – 성공 3번시행 – 실패
      1번시행- 실패 2번시행 – 실패 3번시행 – 성공

으로 3가지 경우이다. 이것은 3개중에서 1개를 뽑는 조합수인 $_3C_1 = 3$이 된다. 그러므로 3번의 시행중에서 성공이 한 번 나올 확률은

$$_3C_1 p q^2$$

이 된다.

  야곱 베르누이는 일반적으로 n번의 독립적인 베르누이 시행에서 r번의 성공이 일어날 확률을 $P(n,r)$이라고 두고, 이것이

$$P(n,r) = {_nC_r} p^r q^{n-r}$$

이 된다는 것을 알아냈다. 이 확률이 이항계수로 나타내어지므로 이렇게 확률분포표로 주어지는 분포를 이항분포라고 부른다.

다음 그림은 $n=40, p=\dfrac{1}{2}$ 일 때의 이항분포를 나타낸다.

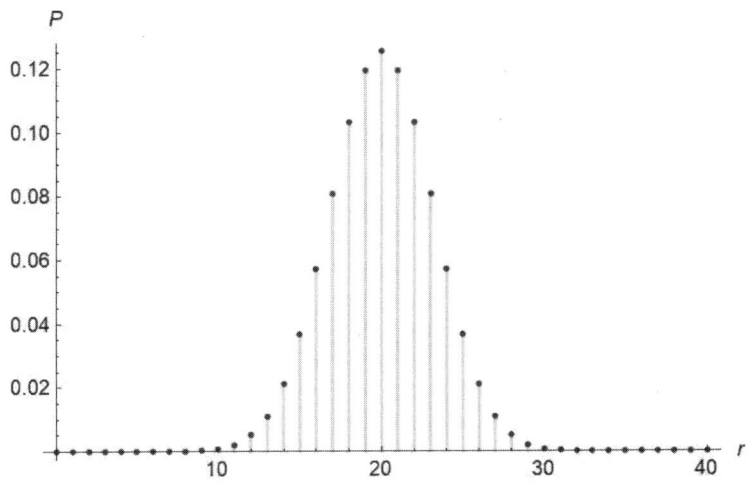

다음 그림은 $n=40, p=\dfrac{1}{6}$ 일 때의 이항분포를 나타낸다.

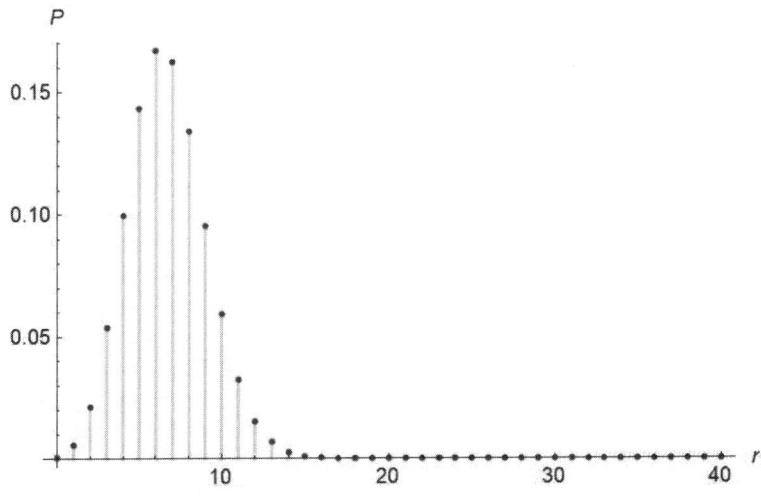

이항정리로부터 확률의 총합이 1이 됨을 알 수 있다.

$$\sum_{r=0}^{n} P(n,r) = \sum_{r=0}^{n} {_nC_r} p^r q^{n-r} = (p+q)^n = 1$$

이제 이항분포에서 성공횟수 r의 기댓값을 구해보자. 기댓값은

$$<r> = \sum_{r=0}^{n} r \, {_nC_r} p^r q^{n-r}$$

$$= \sum_{r=0}^{n} r \frac{n!}{r!(n-r)!} p^r q^{n-r}$$

$$= \sum_{r=1}^{n} \frac{n!}{(r-1)!(n-r)!} p^r q^{n-r}$$

여기서

$r-1 = r'$ 이라고 두면

$$<r> = \sum_{r'=0}^{n-1} \frac{n!}{r'!(n-1-r')!} p^{r'+1} q^{n-1-r'}$$

$$= np \sum_{r'=0}^{n-1} \frac{(n-1)!}{r'!(n-1-r')!} p^{r'} q^{n-1-r'}$$

$$= np \, (p+q)^{n-1}$$

$$= np$$

가 된다. 즉 성공횟수의 기댓값은 총 시행 회수와 성공확률과의 곱이 된다.

이항분포에서 성공횟수 r의 분산을 V_r이라고 두면

$$V_r = <r^2> - <r>^2$$

이 된다. 한편,

$$<r^2> = <r(r-1)> + <r>$$

이므로

$$V_r = <r(r-1)> + <r> - <r>^2$$

이 된다. 여기서

$$\begin{aligned}
<r(r-1)> &= \sum_{r=0}^{n} r(r-1) {}_n C_r p^r q^{n-r} \\
&= \sum_{r=0}^{n} r(r-1) \frac{n!}{r!(n-r)!} p^r q^{n-r} \\
&= \sum_{r=2}^{n} \frac{n!}{(r-2)!(n-r)!} p^r q^{n-r} \\
&= \sum_{r'=0}^{n-2} \frac{n!}{r'!(n-2-r')!} p^{r'+2} q^{n-2-r'} \\
&= n(n-1)p^2 \sum_{r'=0}^{n-2} \frac{(n-2)!}{r'!(n-2-r')!} p^{r'} q^{n-2-r'} \\
&= n(n-1)p^2 (p+q)^{n-2} \\
&= n(n-1)p^2
\end{aligned}$$

이다. 따라서 분산은

$$V_r = n(n-1)p^2 + np - n^2p^2$$
$$= np(1-p) = npq$$

가 된다. 그러므로 표준편차 σ_r은

$$\sigma_r = \sqrt{npq}$$

가 된다.

특별히 $p = \dfrac{1}{2}$ 인 경우에는 기댓값과 분산과 표준편차는

$$<r> = \dfrac{n}{2}$$

$$V_r = \dfrac{n}{4}$$

$$\sigma_r = \dfrac{\sqrt{n}}{2}$$

이 된다.

1-4 야곱 베르누이, 오일러수를 발견하다.

역사는 잘못 기록되는 경우가 많다. 야곱 베르누이는 1683년 다음과 같은 극한을 생각했다.

$$\lim_{n \to \infty} \left(1 + \frac{1}{n}\right)^n$$

이 수는 훗날 오일러가 e 라고 썼고 오일러 수라고 알려지게 된다. 앞으로

$$e = \lim_{n \to \infty} \left(1 + \frac{1}{n}\right)^n$$

이라고 쓰자. 여기서 n을 $\frac{1}{m}$로 바꾸면 오일러 수는 다음과 같이 쓸 수 있다.

$$e = \lim_{m \to 0} (1 + m)^{\frac{1}{m}}$$

오일러 수를 계산해보면,

$e = 2.718281828459045235360287471352662497757247093 69995\cdots$

으로 무리수이다.

야곱 베르누이는 이 수가 2와 3 사이의 수라는 것을 증명했다. 그는 이항 정리 공식

$$(1+t)^n = 1 + nt + \frac{n(n-1)}{2}t^2 + \frac{n(n-1)(n-2)}{3!}t^3 \cdots$$

에서 $t = \dfrac{1}{n}$ 을 대입해

$$\left(1+\frac{1}{n}\right)^n = 1 + n \cdot \frac{1}{n} + \frac{n(n-1)}{2} \cdot n^2 + \frac{n(n-1)(n-2)}{3!} \cdot n^3 + \cdots$$

$$= 2 + \left(1-\frac{1}{n}\right) \cdot \frac{1}{2!} + \left(1-\frac{1}{n}\right)\left(1-\frac{2}{n}\right) \cdot \frac{1}{3!} + \cdots$$

을 얻었다.

여기서 $1-\dfrac{1}{n}, 1-\dfrac{2}{n}, \cdots$ 은 1보다 작고 $\left(1+\dfrac{1}{n}\right)^n > 2$ 이므로

$$2 < \lim_{n \to \infty} \left(1+\frac{1}{n}\right)^n < 2 + \frac{1}{2!} + \frac{1}{3!} + \cdots$$

이다. 한편 $n! > 2^{n-1}$ 이므로

$$2 < \lim_{n \to \infty} \left(1+\frac{1}{n}\right)^n < 2 + \frac{1}{2} + \frac{1}{2^2} + \cdots$$

이 되어,

$$2 < \lim_{n \to \infty} \left(1 + \frac{1}{n}\right)^n < 3$$

이 된다.

여기서 $n! > 2^{n-1}$을 수학적 귀납법으로 증명해보자. $n = 3$이면 $n! = 3! = 6$이고 $2^{n-1} = 2^2 = 4$이므로 $n! > 2^{n-1}$이 성립한다. 이제 $n = k$일 때 성립한다고 가정하자.

$$k! > 2^{k-1} \quad (k \geq 3)$$

한편, $n = k + 1$일 때는

$$(k+1)! = (k+1)k! > (k+1)2^{k-1}$$

이다. $k \geq 3$이므로 $k + 1 > 2$이다. 그러므로

$$(k+1)! > 2 \times 2^{k-1} = 2^k$$

이 되어, $n = k + 1$일 때도 성립한다. 그러므로 3 이상의 모든 자연수 n에 대해 $n! > 2^{n-1}$이 성립한다.

야곱 베르누이는 지수 함수 $y = e^x$를 무한급수로 나타낼 수 있었다.

$$e^x = 1 + x + \frac{x^2}{2!} + \frac{x^3}{3!} + \cdots \quad (1\text{-}4\text{-}1)$$

이것을 증명해보자. e의 정의에 의해

$$e^x = \lim_{n \to \infty} \left(1 + \frac{1}{n}\right)^{nx}$$

이다. 여기서 이항정리 공식을 쓰면

$$\left(1 + \frac{1}{n}\right)^{nx} = 1 + nx \cdot \frac{1}{n} + \frac{nx(nx-1)}{2} \cdot \left(\frac{1}{n}\right)^2$$
$$+ \frac{nx(nx-1)(nx-2)}{3!} \cdot \left(\frac{1}{n}\right)^3 + \cdots$$
$$= 1 + x + \frac{x}{2!}\left(x - \frac{1}{n}\right) + \frac{x}{3!}\left(x - \frac{1}{n}\right)\left(x - \frac{2}{n}\right) + \cdots$$

이다. 여기서 $n \to \infty$의 극한을 취하면

$$\frac{1}{n} \to 0, \quad \frac{2}{n} \to 0, \quad \cdots$$

이므로

$$e^x = 1 + x + \frac{x^2}{2!} + \frac{x^3}{3!} + \cdots$$

이다.

1-5 야콥 베르누이의 베르누이 수

야콥 베르누이의 또 하나의 업적은 베르누이 수의 발견이다. 그는

$$S_m(n-1) = 1^m + 2^m + 3^m + \cdots + (n-1)^m = \sum_{k=1}^{n-1} k^m \qquad (1\text{-}5\text{-}1)$$

을 생각했다. 그는 m에 $1, 2, 3, 4, 5$을 차례로 대입해,

$$S_1(n-1) = \frac{1}{2}n^2 - \frac{1}{2}n$$

$$S_2(n-1) = \frac{1}{3}n^3 - \frac{1}{2}n^2 + \frac{1}{6}n$$

$$S_3(n-1) = \frac{1}{4}n^4 - \frac{1}{2}n^3 + \frac{1}{4}n^2$$

$$S_4(n-1) = \frac{1}{5}n^5 - \frac{1}{2}n^4 + \frac{1}{3}n^3 - \frac{1}{30}n$$

$$S_5(n-1) = \frac{1}{6}n^6 - \frac{1}{2}n^5 + \frac{5}{12}n^4 - \frac{1}{12}n^2$$

그는 이 식을 다음과 같이 썼다.

$$S_1(n-1) = \frac{1}{2}\left[n^2 - n\right]$$

$$S_2(n-1) = \frac{1}{3}\left[n^3 - \frac{3}{2}n^2 + \frac{1}{2}n\right]$$

$$S_3(n-1) = \frac{1}{4}\left[n^4 - 2n^3 + n^2\right]$$

$$S_4(n-1) = \frac{1}{5}\left[n^5 - \frac{5}{2}n^4 + \frac{5}{3}n^3 - \frac{1}{6}n\right]$$

$$S_5(n-1) = \frac{1}{6}\left[n^6 - 3n^5 + \frac{5}{2}n^4 - \frac{1}{2}n^2\right]$$

그는 이 식을 다음과 같이 고쳐 썼다.

$$S_1(n-1) = \frac{1}{2}\left[n^2 - 2\left(\frac{1}{2}\right)n\right]$$

$$S_2(n-1) = \frac{1}{3}\left[n^3 - 3\left(\frac{1}{2}\right)n^2 + 3\left(\frac{1}{6}\right)n\right]$$

$$S_3(n-1) = \frac{1}{4}\left[n^4 - 4\left(\frac{1}{2}\right)n^3 + 6\left(\frac{1}{6}\right)n^2\right]$$

$$S_4(n-1) = \frac{1}{5}\left[n^5 - 5\left(\frac{1}{2}\right)n^4 + 10\left(\frac{1}{6}\right)n^3 - 5\left(\frac{1}{30}\right)n\right]$$

$$S_5(n-1) = \frac{1}{6}\left[n^6 - 6\left(\frac{1}{2}\right)n^5 + 15\left(\frac{1}{6}\right)n^4 - 15\left(\frac{1}{30}\right)n^2\right]$$

야곱 베르나이는 최종적으로 다음과 같은 관계식을 얻었다.

$$S_1(n-1) = \frac{1}{2}\left[{}_2C_0 n^2 + {}_2C_1\left(-\frac{1}{2}\right)n\right]$$

$$S_2(n-1) = \frac{1}{3}\left[{}_3C_0 n^3 + {}_3C_1\left(-\frac{1}{2}\right)n^2 + {}_3C_2\left(\frac{1}{6}\right)n\right]$$

$$S_3(n-1) = \frac{1}{4}\left[{}_4C_0 n^4 + {}_4C_1\left(-\frac{1}{2}\right)n^3 + {}_4C_2\left(\frac{1}{6}\right)n^2 + {}_4C_3(0)n\right]$$

$$S_4(n-1) = \frac{1}{5}\left[{}_5C_0 n^5 + {}_5C_1\left(-\frac{1}{2}\right)n^4 + {}_5C_2\left(\frac{1}{6}\right)n^3 \right.$$
$$\left. + {}_5C_3(0)n^2 + {}_5C_4\left(-\frac{1}{30}\right)n\right]$$

$$S_5(n-1) = \frac{1}{6}\left[{}_6C_0 n^6 + {}_6C_1\left(-\frac{1}{2}\right)n^5 + {}_6C_2\left(\frac{1}{6}\right)n^4 + {}_6C_3(0)n^3 \right.$$
$$\left. + {}_6C_4\left(-\frac{1}{30}\right)n^2 + {}_6C_5(0)n\right]$$

야곱 베르누이는 더 많은 항들을 계산함으로써,

$$\sum_{k=1}^{n-1} k^m = \frac{1}{m+1}\sum_{k=0}^{m} {}_{m+1}C_k B_k n^{m-k+1}$$

의 관계식을 얻었다. 여기서 B_k는 베르누이수라고 부르며

$$B_0 = 1$$
$$B_1 = -\frac{1}{2}$$
$$B_2 = \frac{1}{6}$$
$$B_3 = 0$$
$$B_4 = -\frac{1}{30}$$

$$B_5 = 0$$

$$B_6 = \frac{1}{42}$$

$$B_7 = 0$$

$$\vdots$$

가 된다. 베르누이 수의 여러 가지 성질은 1750년 오일러에 의해 연구된다.

... Atque si porrò ad altiores gradatim potestates pergere, levique negotio sequentem adornare laterculum licet :

Summae Potestatum

$\int n = \frac{1}{2}nn + \frac{1}{2}n$

$\int nn = \frac{1}{3}n^3 + \frac{1}{2}nn + \frac{1}{6}n$

$\int n^3 = \frac{1}{4}n^4 + \frac{1}{2}n^3 + \frac{1}{4}nn$

$\int n^4 = \frac{1}{5}n^5 + \frac{1}{2}n^4 + \frac{1}{3}n^3 - \frac{1}{30}n$

$\int n^5 = \frac{1}{6}n^6 + \frac{1}{2}n^5 + \frac{5}{12}n^4 - \frac{1}{12}nn$

$\int n^6 = \frac{1}{7}n^7 + \frac{1}{2}n^6 + \frac{1}{2}n^5 - \frac{1}{6}n^3 + \frac{1}{42}n$

$\int n^7 = \frac{1}{8}n^8 + \frac{1}{2}n^7 + \frac{7}{12}n^6 - \frac{7}{24}n^4 + \frac{1}{12}nn$

$\int n^8 = \frac{1}{9}n^9 + \frac{1}{2}n^8 + \frac{2}{3}n^7 - \frac{7}{15}n^5 + \frac{2}{9}n^3 - \frac{1}{30}n$

$\int n^9 = \frac{1}{10}n^{10} + \frac{1}{2}n^9 + \frac{3}{4}n^8 - \frac{7}{10}n^6 + \frac{1}{2}n^4 - \frac{1}{12}nn$

$\int n^{10} = \frac{1}{11}n^{11} + \frac{1}{2}n^{10} + \frac{5}{6}n^9 - 1n^7 + 1n^5 - \frac{1}{2}n^3 + \frac{5}{66}n$

Quin imò qui legem progressionis inibi attentuis ensperexit, eundem etiam continuare poterit absque his ratiociniorum ambabimus : Sumtâ enim c pro potestatis cujuslibet exponente, fit summa omnium n^c seu

$\int n^c = \frac{1}{c+1}n^{c+1} + \frac{1}{2}n^c + \frac{c}{2}An^{c-1} + \frac{c \cdot c-1 \cdot c-2}{2 \cdot 3 \cdot 4}Bn^{c-3}$

$+ \frac{c \cdot c-1 \cdot c-2 \cdot c-3 \cdot c-4}{2 \cdot 3 \cdot 4 \cdot 5 \cdot 6}Cn^{c-5}$

$+ \frac{c \cdot c-1 \cdot c-2 \cdot c-3 \cdot c-4 \cdot c-5 \cdot c-6}{2 \cdot 3 \cdot 4 \cdot 5 \cdot 6 \cdot 7 \cdot 8}Dn^{c-7} \ldots$ & ita deinceps,

exponentem potestatis ipsius n continué minuendo binario, quosque perveniatur ad n vel nn. Literae capitales A, B, C, D & c. ordine denotant coëfficientes ultimorum terminorum pro $\int nn$, $\int n^4$, $\int n^6$, $\int n^8$, & c. nempe

$A = \frac{1}{6}, B = -\frac{1}{30}, C = \frac{1}{42}, D = -\frac{1}{30}$.

베르누이 수는 비슷한 시기에 일본 수학자 다카카주(Seki Takakazu, 1642 – 1708)에 의해서도 같은 값으로 발견되었다.

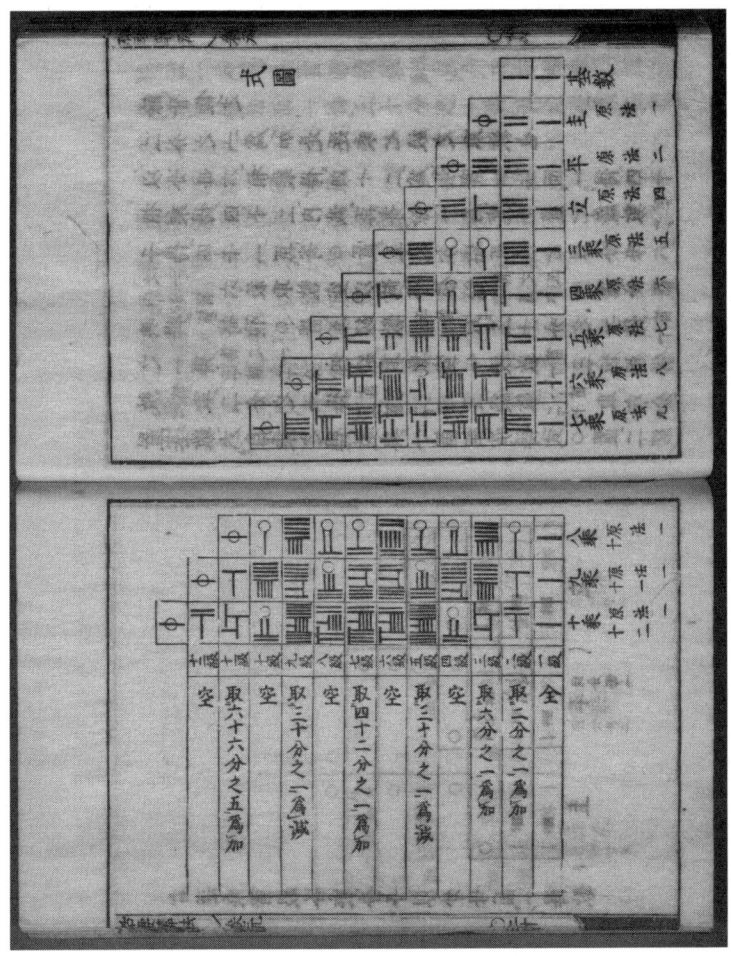

1-6 요한 베르누이

이제 야곱 베르누이의 동생 요한 베르누이의 수학적인 업적에 대해 이야기하자.

(Johann Bernoulli, 1667- 1748, 스위스)

형 야곱 베르누이와 사이가 안 좋았던 요한 베르누이는 경제적인 문제를 해결하기 위해 1692년에 프랑스의 젊은 후작 로피탈의 수학 과외 선생이 되어 그에게 미분과 적분을 가르쳤다.

(Guillaume François Antoine, Marquis de l'Hôpital 1661 - 1704)

이 과정에서 요한 베르누이는 자신이 발견한 수학적인 업적을 로피탈의 이름으로 출간해도 좋다는 계약을 맺었다.

1694년 요한 베르누이는 미분을 이용해 극한을 구할 수 있는 방법을 알아냈다. 그것은 다음과 같았다.

- x가 a로 갈 때 $\dfrac{g(x)}{f(x)}$가 $\dfrac{0}{0}$ 꼴이면 다음이 성립한다.

$$\lim_{x \to a} \frac{g(x)}{f(x)} = \lim_{x \to a} \frac{g'(x)}{f'(x)}$$

이 성질을 증명해보자. $g(a) = f(a) = 0$이므로

$$f(x) = (x-a)P(x)$$
$$g(x) = (x-a)Q(x)$$

라 놓을 수 있다. 이때

$$f'(x) = P(x) + (x-a)P'(x)$$
$$g'(x) = Q(x) + (x-a)Q'(x)$$

가 된다. $f'(a) \neq 0 \quad g'(a) \neq 0$이므로

$$P(a) \neq 0, \quad Q(a) \neq 0$$

가 된다. 그러므로

$$\lim_{x \to a} \frac{g(x)}{f(x)} = \lim_{x \to a} \frac{(x-a)Q(x)}{(x-a)P(x)} = \frac{Q(a)}{P(a)} = \lim_{x \to a} \frac{g'(x)}{f'(x)}$$

가 된다.

로피탈과 요한 베르누이의 계약으로 인해, 로피탈은 이 성질을 자신이 발견한 것처럼 주장했고, 1696년 미분적분에 대한 저서 < Analyse des Infiniment Petits pour l'Intelligence des Lignes Courbes >에 이 내용을 소개했다. 그로인해 요한 베르누이의 공식은 로피탈의 정리로 불리게 되었다.

ANALYSE
DES
INFINIMENT PETITS,
POUR
L'INTELLIGENCE DES LIGNES COURBES.
Par M^r le Marquis DE L'HOSPITAL.
SECONDE EDITION.

A PARIS,
Chez FRANÇOIS MONTALANT, Quay des Augustins.
MDCCXV.
AVEC APPROBATION ET PRIVILEGE DU ROY.

1-7 요한 베르누이의 새로운 적분

요한 베르누이는 $y=e^x$의 역함수를 생각했다. 역함수는 y와 x를 바꾸면 된다. $y=e^x$에서 y와 x를 바꾸면

$$x=e^y$$

이 된다. 요한 베르누이는 로그의 정의로부터

$$y=\log_e x$$

를 얻었고, 이렇게 밑이 오일러 수인 로그를 자연로그라고 하고

$$y=\ln x$$

라고 썼다[2].

요한 베르누이는 라이프니츠의 부분적분법[3]을 이용해,

$$\int x \ln x \, dx$$

를 적분할 수 있었다. 이때 x는 적분이 되고 $\ln x$는 미분이 되므로

$$\int x \ln x \, dx =$$

$$(x의\ 적분)(\ln x\ 그대로) - \int (x의\ 적분)(\ln x\ 미분) dx$$

---

2) 사실 요한 베르누이는 이것을 $\ln x$ 대신에 lx라고 썼다.
3) 2권 8-11참고

$$= \left(\frac{x^2}{2}\right)(\ln x) - \int \left(\frac{x^2}{2}\right)\left(\frac{1}{x}\right)dx$$

$$= \left(\frac{x^2}{2}\right)(\ln x) - \frac{x^2}{4} + C \qquad (1\text{-}7\text{-}1)$$

이 된다. 요한 베르누이는 부분적분법을 이용해,

$$\int x^2 (\ln x)^2 dx = \frac{1}{3}x^3(\ln x)^2 - \frac{2}{9}x^3 \ln x + \frac{2}{27}x^3 + C$$

$$\int x^3 (\ln x)^3 dx = \frac{1}{4}x^4(\ln x)^3 - \frac{3}{16}x^4(\ln x)^2 + \frac{3}{32}x^4 \ln x - \frac{3}{128}x^4 + C$$

를 얻었다.

요한 베르누이는 다음 적분을 계산하고 싶어했다.

$$I = \int_0^1 x^x dx$$

요한 베르누이는

$$x^x = e^{\ln x^x} = e^{x \ln x}$$

를 이용하고, (1-4-1)을 이용해,

$$I = \int_0^1 x^x dx = \int_0^1 \left[1 + x\ln x + \frac{1}{2}(x\ln x)^2 + \frac{1}{6}(x\ln x)^3 + \cdots\right]dx$$

$$= 1 - \frac{1}{4} + \frac{1}{2} \cdot \frac{2}{27} - \frac{1}{6} \cdot \frac{6}{256} + \frac{1}{24} \cdot \frac{24}{3125} - \cdots$$

$$= 1 - \frac{1}{4} + \frac{1}{27} - \frac{1}{256} + \frac{1}{3125} - \cdots$$

$$= 1 - \frac{1}{2^2} + \frac{1}{3^3} - \frac{1}{4^4} + \frac{1}{5^5} - \cdots$$

라는 식을 얻었다.

제2장

드모아브르

2-1 드 모아브르

요한 베르누이와 같은 해에 태어난 또 한 명의 위대한 수학자 드 모아브르의 이야기를 해보자.

(Abraham de Moivre 1667 – 1754 프랑스)

드 모아브르는 1667년 5월 26일 프랑스 Vitry-le-François에서 태어났다. 그의 아버지는 외과의사였다. 그의 집은 프로테스탄트였기 때문에 드 모아브르는 스당(Sedan)에 있는 프로테스탄트 아카데미에서 4년 동안 그리스어를 공부했다. 하지만 수학에 관심이 많았던 드 모아브르는 독학으로 수학을 공부했다.

1682년 프로테스탄트 아카데미가 폐지되면서 드 무아브르는 2년 동안 소뮈르 대학(Academy of Saumur)에서 논리학을 공부했다. 1684년에 드 무아브르는 물리학을 공부하기 위해 파리로 이주했다. 그는 수학자 자크 오자망(프랑스어: Jacques Ozanam, 1640~1718) 아래서 수학을 공부했다.

1687년 영국으로 건너간 드 무아브르는 생계를 유지하기 위해 수학 개인 가정교사가 되어 학생들을 방문하거나 런던의 커피숍에서 학생들을 가르치면서 뉴턴의 <프린키피아>를 독학으로 공부했다. 그 후 드 무아브르는 핼리혜성을 발견한 핼리와 미분 적분을 발견한 뉴턴과 친구가 되었다. 드 모아브르는 1695년에 미적분학에 대한 첫 논문을 왕립 학회에 발표했고, 1697년 11월에 왕립 학회의 회원이 되었다. 드 무아브르는 평생 수학과 교수가 되지 못하고 개인 과외로 생계를 유지하며 수학연구를 했다.

2-2 드 무아브르의 정규분포

1718년에 드 무아브르는 <확률론 The doctrine of chances> 1판을 출판했다. 이 책은 1738년에 2판이 나오고 3판은 드 무아브르가 죽은 후인 1756년에 출판되었다. 이 책의 2판에서 드 무아브르는 유명한 정규분포 이론을 발표했다.

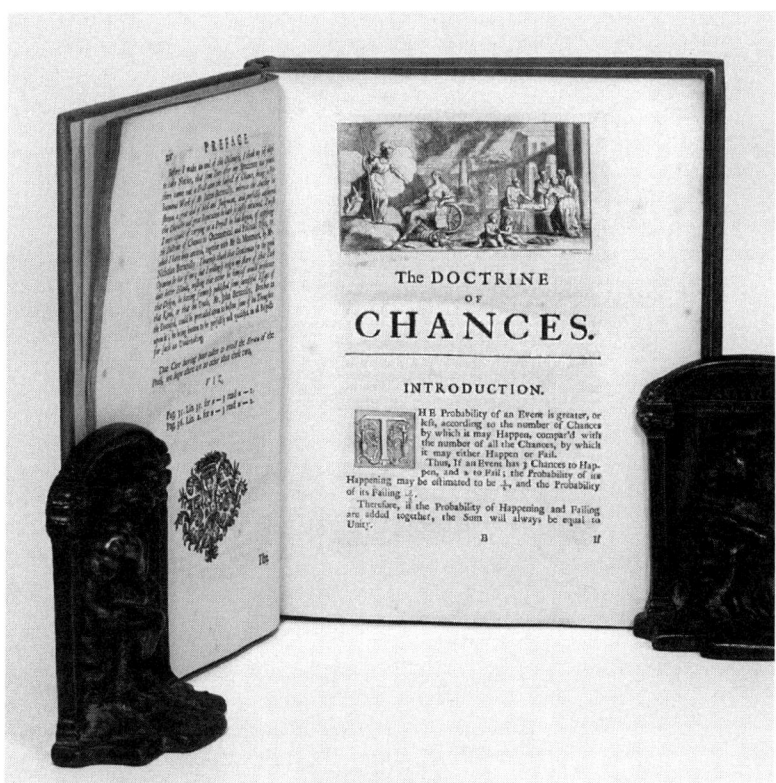

먼저 연속확률분포에 대해 이야기해보자. 확률변수가 연속적으로 변하는 경우의 확률분포를 연속확률분포라고 한다. 연속확률변수는 앞으로 x라고 쓰자. 연속확률 변수가 x일 확률을 $p(x)$라고 하면 $p(x)$는 x의 함수이다. 여기서 x는 $-\infty$에서 ∞까지 변할 수 있는 경우를 생각한다. 이때 $p(x)$를 확률밀도함수라고 부른다. 확률의 총합은 1이므로

$$\int_{-\infty}^{\infty} p(x)dx = 1$$

이 되고, x의 기댓값은

$$<x> = \int_{-\infty}^{\infty} xp(x)dx$$

이 되며, 분산은

$$V_x = <x^2> - <x>^2 = \int_{-\infty}^{\infty} x^2 p(x)dx - \left(\int_{-\infty}^{\infty} xp(x)dx\right)^2$$

이 되고, 표준편차는

$$\sigma_x = \sqrt{V_x}$$

이 된다.

드 무아브르는 다음과 같은 연속확률밀도함수를 생각했다.

$$P(x) = ce^{-ax^2} \qquad (2\text{-}2\text{-}1)$$

이것이 바로 정규분포의 확률 밀도함수이다. 확률밀도함수는

$$\int_{-\infty}^{\infty} P(x)dx = 1 \qquad (2\text{-}2\text{-}2)$$

을 만족해야한다. 즉,

$$\int_{-\infty}^{\infty} ce^{-ax^2} dx = 1$$

로부터 c를 결정해야한다. 하지만 드 무아브르는

$$\int_{-\infty}^{\infty} e^{-ax^2} dx \qquad (2\text{-}2\text{-}3)$$

이 어떻게 계산되는지 알 수가 없었다. 훗날 이 적분은 가우스(Johann Carl Friedrich Gauss 1777 – 1855, 독일)에 의해 처음 구해지게 된다.

이제 다음과 같은 함수를 보자.

$$I(t) = \int_0^t \frac{dx}{1+x^2} \qquad (2\text{-}2\text{-}4)$$

이 적분에서 $x = \tan\theta$라고 치환하면

$$dx = \sec^2\theta d\theta$$

이고

$$1 + x^2 = 1 + \tan^2\theta = \sec^2\theta$$

이므로

$$I(t) = \int_0^{\tan^{-1}x} d\theta = \tan^{-1}x \qquad (2\text{-}2\text{-}5)$$

가 된다. 그러므로

$$I(\infty) = \int_0^\infty \frac{dx}{1+x^2} = \frac{\pi}{2} \qquad (2\text{-}2\text{-}6)$$

가 된다.

이제 다음과 같은 함수를 생각하자.

$$F(t) = \int_0^\infty \frac{e^{-t^2(1+x^2)}}{1+x^2}dx \qquad (2\text{-}2\text{-}7)$$

이때

$$F(0) = I(\infty) = \frac{\pi}{2}$$

이고 $t \to \infty$이면 $e^{-t^2(1+x^2)} \to 0$이므로

$$F(\infty) = 0$$

가 된다. 이제 $F(t)$를 t로 미분하자.

$$F'(t) = -2\int_0^\infty te^{-t^2(1+x^2)}dx$$

$$= -2te^{-t^2}\int_0^\infty e^{-t^2x^2}dx$$

이 적분에서 $tx = y$로 치환하면

$$tdx = dy$$

이므로

$$F'(t) = -2te^{-t^2}\frac{1}{t}\int_0^\infty e^{-y^2}dy$$

$$= -2e^{-t^2}\int_0^\infty e^{-y^2}dy$$

이 된다. 여기서

$$J = \int_0^\infty e^{-y^2}dy$$

라고 두면,

$$F'(t) = -2e^{-t^2}J$$

가 된다. 양변을 적분하면

$$\int_0^\infty F'(t)dt = -2J\int_0^\infty e^{-t^2}dt$$

가 되어,

$$F(\infty) - F(0) = -2J^2$$

이 된다. 그러므로

$$J^2 = \frac{\pi}{4}$$

가 되므로

$$J = \int_0^\infty e^{-y^2}dy = \frac{\sqrt{\pi}}{2} \qquad (2\text{-}2\text{-}8)$$

가 된다.

이제 다음 적분을 생각하자.

$$\int_{-\infty}^{\infty} e^{-y^2} dy \tag{2-2-9}$$

e^{-y^2}이 우함수이므로,

$$\int_{-\infty}^{\infty} e^{-y^2} dy = 2\int_{0}^{\infty} e^{-y^2} dy = \sqrt{\pi} \tag{2-2-10}$$

이 된다.

이제 다음 적분을 생각하자.

$$K = \int_{-\infty}^{\infty} e^{-ay^2} dy \quad (a는\ 양수) \tag{2-2-11}$$

이 적분에서 $\sqrt{a}\, y = x$로 치환하면

$$dy = \frac{1}{\sqrt{a}} dx$$

이므로,

$$K = \frac{1}{\sqrt{a}} \int_{-\infty}^{\infty} e^{-x^2} dx = \sqrt{\frac{\pi}{a}} \tag{2-2-12}$$

가 된다. 즉,

$$\int_{-\infty}^{\infty} e^{-ay^2} dy = \sqrt{\frac{\pi}{a}} \tag{2-2-13}$$

이때 우리는 다음과 같은 두 개의 식을 얻을 수 있다.

$$\int_{-\infty}^{\infty} ye^{-ay^2} dy = 0 \tag{2-2-14}$$

$$\int_{-\infty}^{\infty} y^2 e^{-ay^2} dy = \frac{1}{2}\sqrt{\frac{\pi}{a^3}} \tag{2-2-15}$$

식(2-2-15)를 증명해보자. 식(2-2-13)의 양변을 a로 미분하면

$$\int_{-\infty}^{\infty} (-y^2)e^{-ay^2} dy = -\frac{1}{2}\sqrt{\pi}\, a^{-3/2}$$

가 되어 (2-2-15)가 성립한다.

따라서 정규분포의 확률밀도함수는

$$P(x) = \sqrt{\frac{a}{\pi}}\, e^{-ax^2} \tag{2-2-16}$$

이 된다. 정규분포에서 x의 기댓값은 식(2-2-14)로 부터

$$<x> = 0$$

이 된다. 한편 정규분포에서 x의 분산은 식(2-2-15)로 부터

$$V_x = <x^2> = \frac{1}{2a}$$

이 되고, 표준편차는

$$\sigma_x = \frac{1}{\sqrt{2a}}$$

가 된다.

  그러므로 x의 기댓값이 0이고, 표준편차가 σ_x인 정규분포의 연속확률밀도는

$$P(x) = \frac{1}{\sqrt{2\pi\sigma_x^2}} e^{-\frac{x^2}{2\sigma_x^2}} \qquad (2\text{-}2\text{-}16)$$

이 된다. 아래그림은 정규분포의 그래프이다. 검정 그래프는 $\sigma_x = 0.1$을 파란 그래프는 $\sigma_x = 0.2$인 경우이다.

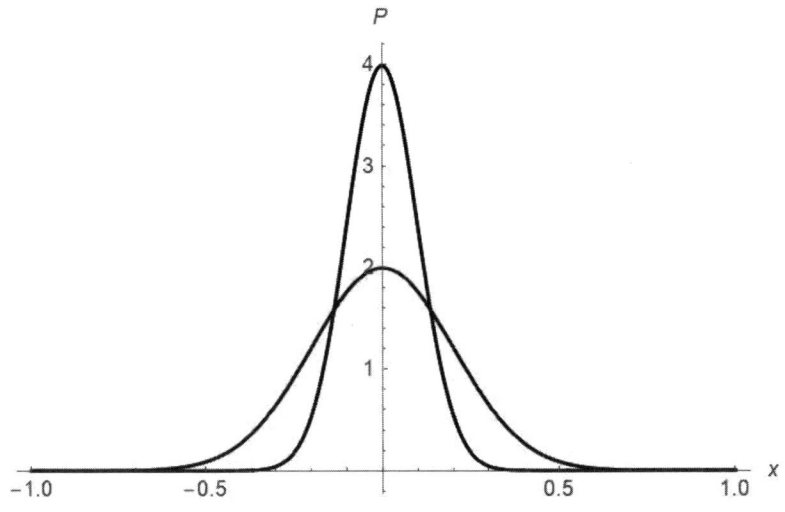

즉 표준편차가 작을수록 뾰족해지는 것을 알 수 있다.

2-3 드 무아브르의 스털링 공식

1730년에 드무아브르는 <해석잡론 Miscellanea analytica>을 출판했고 이 책에서 그는 큰 수의 팩토리얼에 대한 근사식을 찾았다.

드 무아브르는 N이 아주 클 때 다음과 같은 근사식을 쓸 수 있다는 것을 알아냈다.

$$\ln N! \approx N \ln N - N \qquad (2\text{-}3\text{-}1)$$

이 근사식을 증명해보자. $N!$에 로그를 취하면

$$\ln N! = \ln[N(N-1)(N-2)\cdots 2\cdot 1]$$

이라고 쓸 수 있다. 이제

$$\ln(AB) = \ln A + \ln B$$

를 이용하면

$$\begin{aligned}\ln N! &= \ln N + \ln(N-1) + \ln(N-2) + \cdots + \ln 2 + \ln 1 \\ &= \ln N + \ln N\left(1 - \frac{1}{N}\right) + \ln N\left(1 - \frac{2}{N}\right) + \cdots + \\ &\qquad \ln N\left(1 - \frac{N-2}{N}\right) + \ln N\left(1 - \frac{N-1}{N}\right) \\ &= N \ln N + \ln\left(1 - \frac{1}{N}\right) + \ln\left(1 - \frac{2}{N}\right) + \cdots +\end{aligned}$$

$$\ln\left(1-\frac{N-2}{N}\right)+\ln\left(1-\frac{N-1}{N}\right)$$

$$= N\ln N+\sum_{k=1}^{N-1}\ln\left(1-\frac{k}{N}\right)$$

$$= N\ln N+ N\cdot\frac{1}{N}\sum_{k=1}^{N-1}\ln\left(1-\frac{k}{N}\right)$$

이 된다. 여기서

$$\frac{1}{N}\sum_{k=1}^{N-1}\ln\left(1-\frac{k}{N}\right)$$

만 살펴보자. 드 무아브르는 N이 아주 클 때 N을 무한대처럼 생각하는 근사를 생각했다.

$$\frac{1}{N}\sum_{k=1}^{N-1}\ln\left(1-\frac{k}{N}\right)\approx\lim_{N\to\infty}\frac{1}{N}\sum_{k=1}^{N-1}\ln\left(1-\frac{k}{N}\right)$$

드 무아브르는 뉴턴의 구분구적법(2권 참조)를 이용해

$$\lim_{N\to\infty}\frac{1}{N}\sum_{k=1}^{N-1}\ln\left(1-\frac{k}{N}\right)=\int_{0}^{1}\ln(1-x)dx$$

을 얻었다. 그러므로

$$\frac{1}{N}\sum_{k=1}^{N-1}\ln\left(1-\frac{k}{N}\right)\approx\int_{0}^{1}\ln(1-x)dx$$

이 되는 데 이 적분은 부분적분법에 의해 계산된다.

$$\int_0^1 \ln(1-x)dx = [x\ln(1-x)]_0^1 - \int_0^1 x \cdot \left(\frac{-1}{1-x}\right)dx$$

$$= \lim_{x \to 1} \ln(1-x) - \int_0^1 \left(\frac{-1+1-x}{1-x}\right)dx$$

$$= \lim_{x \to 1} \ln(1-x) + \int_0^1 \left(\frac{1}{1-x}\right)dx - \int_0^1 dx$$

$$= \lim_{x \to 1} \ln(1-x) - \lim_{x \to 1} \ln(1-x) - 1$$

$$= -1$$

그러므로

$$\frac{1}{N}\sum_{k=1}^{N-1} \ln\left(1-\frac{k}{N}\right) \approx -1$$

이다. 따라서

$$\ln N! \approx N\ln N - N$$

이다. 이 공식은 훗날 수학자 스털링에 의해 보완되어 스털링공식이라고 불리게 되었다.

2-3 생성함수의 발견

드 무아브르의 또 하나의 업적은 수열과 관련된 생성함수 이론을 만든 것이다. 다음과 같은 무한급수를 보자.

$$g(x) = \sum_{k=0}^{\infty} a_n x^n = a_0 + a_1 x + a_2 x^2 + \cdots \qquad (2\text{-}3\text{-}1)$$

이때 $a_0, a_1, a_2, a_3, \cdots$ 가 수열을 이루면 $g(x)$를 이 수열의 생성함수라고 부른다. 여기서 $0 < x < 1$이다.

이제 등차수열의 생성함수를 찾아보자. 공차가 d인 등차수열은

$$a_{n+1} = a_n + d \quad (n = 0, 1, 2, \cdots) \qquad (2\text{-}3\text{-}2)$$

를 만족한다. 이 식의 양변에 x^n을 곱하고 $\sum_{n=0}^{\infty}$ 를 취하자.

$$\sum_{n=0}^{\infty} a_{n+1} x^n - \sum_{n=0}^{\infty} a_n x^n = \sum_{n=0}^{\infty} d x^n \qquad (2\text{-}3\text{-}3)$$

이다. 여기서 두 번째 항은 생성함수가 되고,

$$\sum_{n=0}^{\infty} d x^n = d \sum_{n=0}^{\infty} x^n$$
$$= \frac{d}{1-x}$$

이니까, (2-3-3)은 다음과 같이 쓸 수 있다.

$$\sum_{n=0}^{\infty} a_{n+1}x^n - g = \frac{d}{1-x} \quad (2\text{-}3\text{-}4)$$

이제 $\sum_{n=0}^{\infty} a_{n+1}x^n$를 풀어서 쓰면,

$$\sum_{n=0}^{\infty} a_{n+1}x^n = a_1 + a_2 x + a_3 x^2 + \cdots$$

이다. 이 식의 양변에 x를 곱하면

$$x\sum_{n=0}^{\infty} a_{n+1}x^n = a_1 x + a_2 x^2 + a_3 x^3 + \cdots$$

이다. 이 식의 우변은 a_0가 없는 생성함수이다. 그러므로 다음과 같이 쓸 수 있다.

$$x\sum_{n=0}^{\infty} a_{n+1}x^n = g - a_0$$

또는

$$\sum_{n=0}^{\infty} a_{n+1}x^n = \frac{1}{x}(g - a_0)$$

그러므로 식 (2-3-4)은 다음과 같이 쓸 수 있다.

$$\frac{1}{x}(g - a_0) - g = \frac{d}{1-x} \quad (2\text{-}3\text{-}5)$$

이 식에서 g를 구하면

$$g(x) = \frac{a_0}{1-x} + \frac{dx}{(1-x)^2}$$

이다. 이것이 바로 드 무아브르가 구한 등차수열의 생성함수이다.

 이번에는 등비수열의 생성함수를 구해보자. 등비수열은

$$a_{n+1} = ra_n \quad (n = 0, 1, 2, \cdots) \tag{2-3-6}$$

을 만족한다. 여기서 r은 공비이다. 위 식의 양변에 x^n을 곱하고 $\sum_{n=0}^{\infty}$ 를 취하면

$$\sum_{n=0}^{\infty} a_{n+1} x^n = r \sum_{n=0}^{\infty} a_n x^n$$

이 되어

$$\frac{1}{x}(g - a_0) = rg$$

이다. 이 식을 풀면,

$$g(x) = \frac{a_0}{1-rx}$$

이 되는데, 이것이 바로 등비수열의 생성함수이다.

2-5 드 무아브르 공식

1707년경 드 무아브르는

$$(\cos\theta + i\sin\theta)^n \quad (n = 1, 2, 3, \cdots)$$

이 어떻게 전개되는가를 고민했다[4]. 이 식에 $n = 2$를 넣으면

$$(\cos\theta + i\sin\theta)^2 = \cos^2\theta - \sin^2\theta + i(2\sin\theta\cos\theta)$$

가 된다. 여기서 드 무아브르는

$$i^2 = -1$$
$$i^3 = -i$$
$$i^4 = 1$$

이라는 허수의 성질을 이용했다. 한편 삼각함수의 배각 공식으로부터,

$$(\cos\theta + i\sin\theta)^2 = \cos 2\theta + i\sin 2\theta$$

가 된다. 드 무아브르는 $n = 3$을 넣고 삼각함수의 3배각 공식을 이용하면,

$$(\cos\theta + i\sin\theta)^3 = \cos 3\theta + i\sin 3\theta$$

이 됨을 알았다. 그는 임의의 자연수 n에 대해

---

4) 드 무아브르는 i 대신에 $\sqrt{-1}$ 을 사용했지만 독자들이 이해하기 쉽도록 i로 설명한다.

$$(\cos\theta + i\sin\theta)^n = \cos n\theta + i\sin n\theta$$

라는 확신을 얻었다. 이것을 드 무아브르 등식이라고 부른다.

이제 드 무아브르 등식을 수학적 귀납법으로 증명해보자. 수학적 귀납법은 자연수 n과 관련된 명제 $p(n)$을 증명하는 방법이다. 명제 $p(n)$이 모든 자연수 n에 대해 참인 것을 보이려면 다음 두 가지를 보여야 한다.

(i) $p(1)$이 참이다.

(ii) $p(k)$가 참이라고 가정하면 $p(k+1)$도 참이다.

이런 방법으로 명제 $p(n)$이 참임을 증명하는 방법을 수학적귀납법이라 한다.

모든 자연수 n에 대해 $p(n)$이 참이라는 것은 $p(1), p(2), p(3), \cdots$가 모두 참이라는 것을 뜻한다.
(i)에 의해 $p(1)$은 참이고 (ii)에의해 $p(1+1) = p(2)$도 참이다. $p(2)$가 참이므로 다시 (ii)에의해 $p(2+1) = p(3)$도 참이다. 이런 식으로 (ii)을 계속 적용하면 $p(1), p(2), p(3), \cdots$는 모두 참이 된다.

예를 들어 다음 명제를 수학적 귀납법으로 증명해보자.

$p(n)$: 모든 자연수 n에 대해 $1+3+5+\cdots+(2n-1)^2=n^2$이다.

(i) $n=1$이면 (좌변)$=1$, (우변)$=1^2=1$이므로 성립한다.

(ii) $n=k$일 때 성립한다고 가정하면

$$1+3+5+\cdots+(2k-1)=k^2$$

$n=k+1$일 때는

(좌변)$=1+3+5+\cdots+(2k-1)+2(k+1)-1$
$=k^2+2(k+1)-1=k^2+2k+1=(k+1)^2$

이 되어 $n=k+1$일 때도 성립한다.

따라서 모든 자연수 n에 대해 $1+3+5+\cdots+(2n-1)=n^2$는 성립한다.

드 무아브르의 공식을 명제 $p(n)$이라고 놓아보자. 이때 $p(1)$은 참이다. $n=k$일 때 성립한다고 가정하면

$$(\cos\theta + i\sin\theta)^k = \cos k\theta + i\sin k\theta$$

이다. $n=k+1$일 때

$$\begin{aligned}(\cos\theta + i\sin\theta)^{k+1} &= (\cos k\theta + i\sin k\theta)(\cos\theta + i\sin\theta)\\ &= \cos k\theta\cos\theta - \sin k\theta\sin\theta + i(\sin k\theta\cos\theta + \cos k\theta\sin\theta)\\ &= \cos(k+1)\theta + i\sin(k+1)\theta\end{aligned}$$

가 성립한다. 여기서 삼각함수의 덧셈정리를 이용했다. 따라서 수학적 귀납법에 의해 드 무아브르의 공식은 모든 자연수 n에 대해 성립한다.

제3장
수학의 왕자 오일러

3-1 수학의 왕자 오일러

이제 수학의 왕자 오일러의 이야기를 해보자.

(Leonhard Paul Euler, 1707-1783)

오일러는 1707년 스위스 바젤에서 태어났다. 그의 아버지는 개신교회의 목사님이어서 그는 어릴 때부터 독실한 기독교 신자였다. 그는 어릴 때부터 수학을 잘해서, 당시 최고의 수학자인 요한 베르누이로부터 수학적 재능을 인정받아 13세에 바젤 대학에 입학했다. 그는 신학을 전공할지 수학을 전공할지 많은 갈등을 하다가 결국 수학을 전공하기로 결심했다. 17세에 오일러는 데카르트의 과학과 뉴턴의 과학을 비교한 연구로 박사학위를 받았다.

오일러는 20세가 되던 해인 1727년에 러시아의 페테르부르크 아카데미로 건너갔다. 이곳에는 요한 베르누이의 아들 다니엘 베르누이가 교수로 있었다. 그는 다니엘 베르누이와 수학에 대한 많은 이야기를 나눌 수 있었다. 1733년에 다니엘 베르누이가 러시아를 떠나면서 오일러는 26세의 나이로 페테르부르크 아카데미 수학과장이 되었다. 이듬해에 러시아에서 활동하던 스위스 출신 화가 게오르크 그셀의 딸 카타리나와 결혼했고, 이후 러시아에서 오랫동안 수학 연구를 했다. 너무 연구를 많이 한 나머지, 오일러는 28살에 오른쪽 눈의 시력을 잃었다.

1741년에 오일러는 프리드리히 대왕의 초청을 받아 베를린 아카데미로 자리를 옮겼다. 베를린에서의 생활은 재미가 없었다. 동료들은 한쪽 눈을 잃은 오일러를 놀려대곤 했다. 결국 베를린에서의 생활을 접고, 러시아로 와달라는 예카테리나 2세의 요청을 수락해 1766년에 다시 러시아로 되돌아 갔다. 그는 하루에 20시간 이상을 연구에 매달렸다. 그러다가 결국 왼쪽 눈마저 실명하게 되어, 그는 1766년부터 세상을 떠날 때까지 약 17년을 맹

인으로 살았다. 하지만 맹인이 된 후에도 그는 연구를 멈추지 않았다. 종이에 계산해야 하는 것을 모두 머리셈으로 계산했다.

시각 장애인이 된 후 오일러는 태양, 달, 지구의 위치를 정확하게 계산하는 법을 연구하기도 했다. 이것은 뉴턴의 만유인력으로 상호 작용하는 세 개의 물체의 위치를 알아내는 것으로 삼체문제라고 부른다. 이 문제는 완벽하게 풀 수 없는 문제이지만 오일러는 세 물체의 위치를 정확하게 계산하는 대신 근사값을 구할 수 있는 방법을 찾아냈다. 이 계산은 영국 해군의 거리 계산에 사용되었고, 해군은 오일러에게 상금을 주었다.

1783년 9월 18일 오일러는 가족들과 점심 식사를 한 후 동료 안데르스 요한 렉셀과 함께 새로 발견한 행성인 천왕성의 궤도를 연구하다가 갑작스런 뇌출혈로 사망했다.

3-2 오일러 등식

오일러수 e는 야콥 베르누이가 발견했지만 아마도 e을 이용한 연구를 가장 많이 한 수학자는 오일러이다. 오일러는 또한 최초로 봄벨리의 $\sqrt{-1}$ 을 i로 사용했다. 오일러는 자신의 대부분의 연구에서 $\sqrt{-1}$ 을 사용하다가 1777년에 단 한번 i를 사용했다. i의 사용은 훗날 가우스에 의해 자주 사용되었다.

오일러는 뉴턴에 의해 발견된 $\sin x$와 $\cos x$를 무한급수 표현을 알고 있었다.

$$\cos x = 1 - \frac{1}{2!}x^2 + \frac{1}{4!}x^4 - \frac{1}{6!}x^6 + \cdots$$

$$\sin x = x - \frac{1}{3!}x^3 + \frac{1}{5!}x^5 + \cdots \qquad (3\text{-}2\text{-}1)$$

오일러는 지수함수 e^x의 무한급수 표현

$$e^x = 1 + x + \frac{1}{2!}x^2 + \frac{1}{3!}x^3 + \frac{1}{4!}x^4 + \cdots \qquad (3\text{-}2\text{-}2)$$

에 x대신 ix를 넣어 보았다. 그때

$$e^{ix} = 1 + ix + \frac{1}{2!}(ix)^2 + \frac{1}{3!}(ix)^3 + \frac{1}{4!}(ix)^4 + \cdots$$

$$= 1 + ix - \frac{1}{2!}x^2 - \frac{i}{3!}x^3 + \frac{1}{4!}x^4 + \cdots$$

이 되고, 이식을 실수부와 허수부로 분리하면

$$e^{ix} = \left(1 - \frac{x^2}{2!} + \frac{x^4}{4!} + \cdots\right) + i\left(x - \frac{x^3}{3!} + \cdots\right)$$

이 된다. 그러므로 오일러 등식

$$e^{ix} = \cos x + i \sin x \quad (3\text{-}2\text{-}3)$$

를 얻는다. 식(3-2-3)에 x 대신 $-x$를 넣으면

$$e^{-ix} = \cos x - i \sin x \quad (3\text{-}2\text{-}4)$$

가 된다. 식(3-2-3)와 식(3-2-4)로부터 삼각함수를 지수함수로 다음과 같이 나타낼 수 있다.

$$\cos x = \frac{1}{2}(e^{ix} + e^{-ix}) \quad (3\text{-}2\text{-}5)$$

$$\sin x = \frac{1}{2i}(e^{ix} - e^{-ix}) \quad (3\text{-}2\text{-}6)$$

식 (3-2-3)에 $x = \pi$를 넣으면

$$e^{i\pi} = \cos \pi + i \sin \pi = -1$$

이 된다. 이 식을 이항하면,

$$e^{i\pi} + 1 = 0$$

이 된다. 이 식은 아주 중요한 수들이 모두 나타난다. 덧셈의 항등원 0, 곱셈

의 항등원 1, 최초의 무리수 π, 허수단위 i, 오일러의 수 e가 모두 나타난다. 20세기 최고의 물리학자 중의 한 명인 파인만은 이 공식을 세상에서 가장 아름다운 공식이라고 불렀다.

3-3 삼각함수의 무한곱 표현

오일러는 삼각함수를 무한 곱으로 나타내는 방법을 알아냈다. 주어진 수열에서 n항까지 곱은 다음과 같이 쓴다.

$$\prod_{k=1}^{n} a_k = a_1 a_2 \cdots a_n$$

이때 $n \to \infty$ 일 때 수열의 곱을 무한곱이라고 부른다.

$$\prod_{k=1}^{\infty} a_k = a_1 a_2 a_3 \cdots$$

수열곱에 대해서는 다음 공식이 성립한다.

(1) $\displaystyle\prod_{k=1}^{n} a_k b_k = \left(\prod_{k=1}^{n} a_k\right)\left(\prod_{k=1}^{n} b_k\right)$

(2) $\displaystyle\prod_{k=1}^{n} a_k^{-1} = \frac{1}{\displaystyle\prod_{k=1}^{n} a_k}$

(1)만 증명해보자.

$$\prod_{k=1}^{n} a_k b_k = (a_1 b_1)(a_2 b_2) \cdots (a_n b_n)$$

$$= (a_1 a_2 \cdots a_n)(b_1 b_2 \cdots b_n)$$

$$= \left(\prod_{k=1}^{n} a_k\right)\left(\prod_{k=1}^{n} b_k\right)$$

이제 $\sin x$를 무한 곱으로 나타내보자. $\sin x = 0$의 근은

$$x = 0, \pm\pi, \pm 2\pi, \pm 3\pi, \cdots$$

이다. 근을 무한개를 가지므로 $\sin x$는 무한 차수의 다항식으로 나타낼 수 있다. 그러므로 다음과 같이 놓자.

$$\sin x = Ax\left(1 - \frac{x}{\pi}\right)\left(1 + \frac{x}{\pi}\right)\left(1 - \frac{x}{2\pi}\right)\left(1 + \frac{x}{2\pi}\right)\cdots$$

$$= Ax \prod_{k=1}^{\infty}\left(1 - \frac{x^2}{k^2 \pi^2}\right) \qquad (3\text{-}3\text{-}1)$$

이제 A를 구하자. 식 (3-3-1)을 x로 나누면

$$\frac{\sin x}{x} = A \prod_{k=1}^{\infty}\left(1 - \frac{x^2}{k^2 \pi^2}\right)$$

이 된다. 이 식의 양변에 $x \to 0$극한을 취하면

$$1 = A$$

가 된다. 그러므로 $\sin x$를 무한 곱으로 나타내면

$$\sin x = x \prod_{k=1}^{\infty} \left(1 - \frac{x^2}{k^2 \pi^2}\right) \qquad (3\text{-}3\text{-}2)$$

이 된다.

식 (3-3-2)에서 $x = \dfrac{\pi}{2}$를 대입하면

$$1 = \frac{\pi}{2} \prod_{k=1}^{\infty} \left(1 - \frac{1}{4k^2}\right) = \frac{\pi}{2} \prod_{k=1}^{\infty} \frac{(2k-1)(2k+1)}{2k \cdot 2k}$$

이 되어,

$$\pi = 2 \prod_{k=1}^{\infty} \frac{2k \cdot 2k}{(2k-1)(2k+1)}$$

가 된다. 이것은 다른 방법으로 왈리스가 처음 알아냈기 때문에 Wallis 공식이라고 부른다. 이 식을 풀어서 쓰면

$$\pi = 2\left(\frac{2}{1} \cdot \frac{2}{3} \cdot \frac{4}{3} \cdot \frac{4}{5} \cdot \frac{6}{5} \cdot \frac{6}{7} \cdots\right)$$

가 된다.

3-4 바젤 문제와 오일러의 제타함수

오일러의 제타함수의 탄생은 바젤 문제(Basel problem)에서 시작되었다. 바젤문제는 이탈리아의 수학자 멘골리(Pietro Mengoli)가 1650년에 낸 문제이다.

(Pietro Mengoli, 1626-1686, 이탈리아)

멘골리는 1650년에 다음과 같은 무한급수의 합을 구할 수 있는가, 하는 문제를 냈다.

$$1+\frac{1}{2^2}+\frac{1}{3^2}+\frac{1}{4^2}+\frac{1}{5^2}+\cdots$$

이것을 합 기호를 이용해 쓰면

$$\sum_{k=1}^{\infty}\frac{1}{k^2}$$

이 된다. 많은 사람들이 이 문제에 도전했지만 실패했고, 1734년 오일러가 풀었다. 이 문제는 오일러의 고향인 스위스 바젤 이름을 따서 바젤문제라고 불리게 되었다.

오일러는 이 급수를 일반화한 제타함수를 다음과 같이 정의했다.

$$\zeta(s)=1+\frac{1}{2^s}+\frac{1}{3^s}+\frac{1}{4^s}+\cdots$$

$$=\sum_{n=1}^{\infty}\frac{1}{n^s} \qquad (3\text{-}4\text{-}1)$$

오일러는 특별한 s값에 대해 제타함수 값을 원주율 π를 이용해 나타낼 수 있음을 알아냈다. 예를 들면,

$$\zeta(2)=\frac{\pi^2}{6} \qquad (3\text{-}4\text{-}3)$$

이었다.

(3-4-3)을 증명해보자.

$$\sin x = x\left(1 - \frac{x}{\pi}\right)\left(1 + \frac{x}{\pi}\right)\left(1 - \frac{x}{2\pi}\right)\left(1 + \frac{x}{2\pi}\right)\cdots$$

를 다시 쓰면,

$$\frac{\sin x}{x} = \left(1 - \frac{x^2}{\pi^2}\right)\left(1 - \frac{x^2}{2^2\pi^2}\right)\left(1 - \frac{x^2}{3^2\pi^2}\right)\cdots \qquad (3\text{-}4\text{-}4)$$

이 된다. 한 편 사인 함수에 대해 테일러 전개를 쓰면

$$\frac{\sin x}{x} = \frac{1}{x}\left(x - \frac{x^3}{3!} + \frac{x^5}{5!} - \cdots\right) \qquad (3\text{-}4\text{-}5)$$

가 된다. (3-4-4)와 (3-4-5)의 x^2 의 항의 계수를 비교하면,

$$-\frac{1}{6} = -\left(\frac{1}{\pi^2} + \frac{1}{2^2\pi^2} + \frac{1}{3^2\pi^2} + \cdots\right)$$

이므로

$$1 + \frac{1}{2^2} + \frac{1}{3^2} + \frac{1}{4^2} + \cdots = \frac{\pi^2}{6} \qquad (3\text{-}4\text{-}6)$$

이다.

오일러는 같은 방법으로

$$\zeta(4) = \frac{\pi^4}{90} \qquad (3\text{-}4\text{-}7)$$

을 얻었다. 이것은 (3-4-4)와 (3-4-5)의 x^4항의 계수를 비교하면

$$\frac{1}{5!} = \frac{1}{1^2 \cdot 2^2 \pi^4} + \frac{1}{1^2 \cdot 3^2 \pi^4} + \frac{1}{2^2 \cdot 3^2 \pi^4} + \cdots$$

이므로

$$\frac{1}{1^2 \cdot 2^2} + \frac{1}{1^2 \cdot 3^2} + \frac{1}{2^2 \cdot 3^2} + \cdots = \frac{\pi^4}{120}$$

이다. 한편 (3-4-6)의 양변을 제곱하면

$$\left(1 + \frac{1}{2^2} + \frac{1}{3^2} + \frac{1}{4^2} + \cdots\right)^2 = 1 + \frac{1}{2^4} + \frac{1}{3^4} + \frac{1}{4^4} + \cdots$$
$$+ 2\left(\frac{1}{1^2 \cdot 2^2} + \frac{1}{1^2 \cdot 3^2} + \frac{1}{2^2 \cdot 3^2} + \cdots\right)$$

이다. 이 식으로부터

$$\left(\frac{\pi^2}{6}\right)^2 = \zeta(4) + 2 \times \frac{\pi^4}{120}$$

이 되어,

$$\zeta(4) = 1 + \frac{1}{2^4} + \frac{1}{3^4} + \frac{1}{4^4} + \cdots = \frac{\pi^4}{90}$$

이다.

오일러는 1737년 제타함수와 소수와의 관계를 찾아냈다. 다음 식을 보자.

$$\zeta(s) = \frac{1}{1^s} + \frac{1}{2^s} + \frac{1}{3^s} + \frac{1}{4^s} + \frac{1}{5^s} + \frac{1}{6^s} + \frac{1}{7^s} + \cdots \quad (3\text{-}4\text{-}8)$$

이 식에 $\frac{1}{2^s}$를 곱하면

$$\frac{1}{2^s}\zeta(s) = \frac{1}{2^s} + \frac{1}{3^s} + \frac{1}{4^s} + \frac{1}{5^s} + \frac{1}{6^s} + \frac{1}{7^s} + \frac{1}{8^s} + \cdots \quad (3\text{-}4\text{-}9)$$

(3-4-8)에서 (3-4-9)를 빼면

$$\left(1 - \frac{1}{2^s}\right)\zeta(s) = \frac{1}{1^s} + \frac{1}{3^s} + \frac{1}{5^s} + \frac{1}{7^s} + \frac{1}{11^s} + \frac{1}{13^s} + \cdots \quad (3\text{-}4\text{-}10)$$

이되어, 분모가 $(짝수)^s$인 항이 모두 사라진다. 이제 (3-4-10)에 $\frac{1}{3^s}$를 곱하면

$$\frac{1}{3^s}\left(1 - \frac{1}{2^s}\right)\zeta(s) = \frac{1}{3^s} + \frac{1}{9^s} + \frac{1}{15^s} + \frac{1}{21^s} + \cdots \quad (3\text{-}4\text{-}11)$$

이 된다. (3-4-10)에서 (3-4-11)를 빼면

$$\left(1-\frac{1}{3^s}\right)\left(1-\frac{1}{2^s}\right)\zeta(s) = \frac{1}{1^s}+\frac{1}{5^s}+\frac{1}{7^s}+\frac{1}{11^s}+\frac{1}{13^s}+\cdots$$

이 되어, 분모가 (3의 배수)^{s}인 항이 모두 사라진다. 이런 식으로 계속 $1-\dfrac{1}{(소수)^s}$을 곱하면 1을 제외한 모든 항들이 다 사라져서

$$\left[\prod_{p\text{는 모든 소수}}\left(1-\frac{1}{p^s}\right)\right]\zeta(s) = 1 \qquad (3\text{-}4\text{-}12)$$

이 된다. 즉,

$$\zeta(s) = \frac{1}{\prod_{p\text{는 모든 소수}}\left(1-\dfrac{1}{p^s}\right)} \qquad (3\text{-}4\text{-}13)$$

이 되는데 이것이 소수와 제타함수와의 관계이다. 양변에 로그를 취하면

$$\ln\zeta(s) = -\sum_{p\text{는 모든 소수}}\ln\left(1-\frac{1}{p^s}\right) \qquad (3\text{-}4\text{-}14)$$

가 된다. 이 식은 1737년 상트페테르부르크 학술원에서 출판된 오일러의 논문 < Variae observationes circa series infinitas", Commentarii academiae scientarum Petropolitanae >에 실려있다.

3-5 오일러의 베르누이 수 연구

오일러는 또한 베르누이 수의 생성함수를 찾았다. 오일러가 찾은 생성함수는

$$g(t) = \frac{t}{e^t - 1} = \sum_{n=0}^{\infty} \frac{B_n}{n!} t^n \qquad (3\text{-}5\text{-}1)$$

의 모습이었다.

이 생성함수가 과연 베르누이 수를 만들어 내는지 확인해보자. 테일러 전개[5]로부터

$$g(0) = B_0$$

$$\frac{dg}{dt}(0) = \frac{B_1}{1!} = B_1$$

이다. 여기서 $g(0)$는 $\dfrac{0}{0}$ 꼴이므로 로피탈의 정리[6]를 이용해 극한을 구할 수 있다. 즉,

$$B_0 = g(0) = \lim_{t \to 0} \frac{t}{e^t - 1} = \lim_{t \to 0} \frac{1}{e^t} = 1$$

이 되고,

---

5) 2권 참고
6) 2권 참고

$$B_1 = \lim_{t \to 0} \frac{d}{dt}\left(\frac{t}{e^t - 1}\right)$$

$$= \lim_{t \to 0} \frac{e^t(1-t)-1}{(e^t-1)^2}$$

이 된다. 여기서 로피탈의 정리를 쓰면,

$$B_1 = \lim_{t \to 0} \frac{-t}{2(e^t-1)} = -\frac{1}{2}$$

가 된다.

오일러는 (3-5-1)을 이용해, 탄젠트 함수와 코탄젠트 함수의 무한급수 표현을 얻을 수 있었다. 그 결과는 다음과 같다.

$$\cot t = \frac{1}{t}\sum_{n=0}^{\infty}(-1)^n B_{2n}\frac{(2t)^{2n}}{(2n)!} \qquad (3\text{-}5\text{-}2)$$

$$\tan t = \sum_{n=1}^{\infty}\frac{(-1)^{n-1}2^{2n}(2^{2n}-1)B_{2n}}{(2n)!}t^{2n-1} \qquad (3\text{-}5\text{-}3)$$

식(3-5-2)를 증명해보자. 코탄젠트 함수의 정의로부터

$$\cot t = \frac{\cos t}{\sin t}$$

$$= \frac{\frac{1}{2}(e^{it}+e^{-it})}{\frac{1}{2i}(e^{it}-e^{-it})}$$

$$= i\left(\frac{e^{2it}+1}{e^{2it}-1}\right)$$

$$= i\left(1+\frac{2}{e^{2it}-1}\right)$$

이므로

$$t\cot t = i\left(t+\frac{2t}{e^{2it}-1}\right)$$

$$= it + \sum_{n=0}^{\infty} \frac{B_n}{n!}(2it)^n$$

$$= \sum_{n=0}^{\infty}(-1)^n B_{2n}\frac{(2it)^{2n}}{(2n)!}$$

이 된다.

오일러는 또한 제타함수와 베르누이 수 사이의 관계

$$\zeta(2n) = \frac{(-1)^{n-1}(2\pi)^{2n}}{2(2n)!}B_{2n} \qquad (3\text{-}5\text{-}4)$$

를 알아냈다[7].

---

7) 증명은 네이버카페<정완상의 수학과물리>0005

3-6 조화수와 오일러-마세로니 수

오일러가 도입한 또 하나의 새로운 수는 바로 조화수이다. 조화수 H_n은 다음과 같이 정의 된다.

$$H_n = 1 + \frac{1}{2} + \frac{1}{3} + \cdots + \frac{1}{n} = \sum_{k=1}^{n} \frac{1}{k} \qquad (3\text{-}6\text{-}1)$$

조화수는 다음과 같은 점화식을 만족한다.

$$H_n = H_{n-1} + \frac{1}{n} \qquad (3\text{-}6\text{-}2)$$

몇 개의 조화수[8]를 써 보면 다음과 같다.

$$H_1 = 1$$

$$H_2 = \frac{3}{2}$$

$$H_3 = \frac{11}{6}$$

$$H_4 = \frac{25}{12}$$

---

[8] 조화수에 대한 추가 내용은 네이버카페 <정완상의 수학과 과학> 0006

오일러는 로그 함수의 테일러 전개

$$\ln(1+x) = x - \frac{1}{2}x^2 + \frac{1}{3}x^3 - \frac{1}{4}x^4 + -\cdots \qquad (3\text{-}6\text{-}3)$$

를 생각했다. 이 식에 $x = \dfrac{1}{n}$ 을 넣으면

$$\ln\left(1+\frac{1}{n}\right) = \frac{1}{n} - \frac{1}{2}\left(\frac{1}{n}\right)^2 + \frac{1}{3}\left(\frac{1}{n}\right)^3 - \frac{1}{4}\left(\frac{1}{n}\right)^4 + \cdots$$

이 된다. 이 식의 좌변은

$$\ln\left(1+\frac{1}{n}\right) = \ln\frac{n+1}{n} = \ln(n+1) - \ln n$$

이 된다. 그러므로

$$\ln(n+1) - \ln n = \frac{1}{n} - \frac{1}{2}\left(\frac{1}{n}\right)^2 + \frac{1}{3}\left(\frac{1}{n}\right)^3 - \frac{1}{4}\left(\frac{1}{n}\right)^4 + \cdots \qquad (3\text{-}6\text{-}4)$$

이다. 이 식으로부터

$$\ln(n+1) - \ln n = \frac{1}{n} - \frac{1}{2}\left(\frac{1}{n}\right)^2 + \frac{1}{3}\left(\frac{1}{n}\right)^3 - \frac{1}{4}\left(\frac{1}{n}\right)^4 + \cdots$$

$$\ln n - \ln(n-1) = \frac{1}{n-1} - \frac{1}{2}\left(\frac{1}{n-1}\right)^2 + \frac{1}{3}\left(\frac{1}{n-1}\right)^3 - \frac{1}{4}\left(\frac{1}{n-1}\right)^4 + \cdots$$

$$\vdots$$

$$\ln 3 - \ln 2 = \frac{1}{2} - \frac{1}{2}\left(\frac{1}{2}\right)^2 + \frac{1}{3}\left(\frac{1}{2}\right)^3 - \frac{1}{4}\left(\frac{1}{2}\right)^4 + \cdots$$

$$\ln 2 - \ln 1 = \frac{1}{1} - \frac{1}{2}\left(\frac{1}{1}\right)^2 + \frac{1}{3}\left(\frac{1}{1}\right)^3 - \frac{1}{4}\left(\frac{1}{1}\right)^4 + \cdots$$

을 얻는다. 이 식들을 모두 더하면,

$$\ln(n+1) = H_n - \frac{1}{2}\sum_{k=1}^{n}\frac{1}{k^2} + \frac{1}{3}\sum_{k=1}^{n}\frac{1}{k^3} - \frac{1}{4}\sum_{k=1}^{n}\frac{1}{k^4} + \cdots$$

가 된다. 오일러는 n이 무한대로 갈 때 $\sum_{k=1}^{n}\frac{1}{k^2}, \sum_{k=1}^{n}\frac{1}{k^3}, \sum_{k=1}^{n}\frac{1}{k^4}, \cdots$는 $\zeta(2), \zeta(3), \zeta(4), \cdots$가 되므로 n이 무한대로 갈 때 $H_n - \ln(n+1)$이 일정한 값이 된다는 것을 알아냈다. 이 값을 오일러-마세로니 상수라고 부르고 γ라고 쓴다. 즉,

$$\gamma = \lim_{n \to \infty} [H_n - \ln(n+1)] = \frac{1}{2}\zeta(2) - \frac{1}{3}\zeta(3) + \frac{1}{4}\zeta(4) - \cdots$$

오일러는 초인적인 계산으로 오일러-마세로니 상수의 값을

$$\gamma = 0.57721\cdots$$

로 구했다.

3-7 오일러의 감마함수

오일러는 오일러수를 이용해 팩토리얼을 적분으로 나타낼 수 있었다.

$$\int_0^\infty e^{-x} x^n dx = n! \qquad (3\text{-}7\text{-}1)$$

이 공식을 증명하자. 우선 다음과 같이 놓자.

$$I_n = \int_0^\infty e^{-x} x^n dx \qquad (3\text{-}7\text{-}2)$$

이때

$$I_{n+1} = \int_0^\infty e^{-x} x^{n+1} dx$$

을 보자. 부분적분 공식을 I_{n+1}에 적용하자. 이때

$I_{n+1} =$

$[(e^{-x}\text{의 적분})(x^{n+1} \text{ 그대로})]_0^\infty - \int_0^\infty (e^{-x}\text{의 적분})(x^{n+1} \text{ 미분}) dx$

$= [(-e^{-x})(x^{n+1})]_0^\infty - \int_0^\infty (-e^{-x})(n+1) x^n dx$

이 되고, 여기서

$$\lim_{x \to \infty} (-e^{-x})(x^{n+1}) = 0$$

이므로,

$$[(-e^{-x})(x^{n+1})]_0^\infty = 0$$

가 된다. 그러므로

$$I_{n+1} = (n+1) \int_0^\infty e^{-x} x^n dx = (n+1)I_n$$

이 된다. 이식에 $n = 0, 1, 2, 3$을 넣으면

$$I_1 = I_0$$
$$I_2 = 2I_1$$
$$I_3 = 3I_2$$
$$I_4 = 4I_3$$

가 되므로

$$I_4 = 4!I_0$$

가 되고, 일반적으로

$$I_n = n!I_0$$

가 됨을 알 수 있다. 한편

$$I_0 = \int_0^\infty e^{-x}dx = 1$$

이므로

$$I_n = n!$$

이 된다.

    오일러는 이 계산을 마친 후 팩토리얼을 자연수에서 정수나 유리수로 확장하고 싶어했다. 그는 임의의 수 z에 대해 감마함수라고 부르는 다음과 같은 함수를 도입했다.

$$\Gamma(z) = \int_0^\infty t^{z-1}e^{-t}dt \qquad (3\text{-}7\text{-}2)$$

감마함수의 정의에서 z에 자연수 n을 넣으면

$$\Gamma(n) = \int_0^\infty t^{n-1}e^{-t}dt = (n-1)!$$

이 된다. 그러므로

$$\Gamma(1) = 0! = 1$$
$$\Gamma(2) = 1! = 1$$
$$\Gamma(3) = 2! = 2$$
$$\Gamma(4) = 3! = 6$$

이 된다. 오일러는 임의의 수의 계승에 대해서는 (3-7-2)에 의해 정의될 수 있다고 생각했다. 즉,

$$\Gamma(z) = (z-1)! \qquad (3\text{-}7\text{-}3)$$

이다. 부분적분을 이용하면

$$\Gamma(z+1) = z\Gamma(z) \qquad (3\text{-}7\text{-}4)$$

가 성립한다는 것을 쉽게 알 수 있다.

오일러는 베르누이가 발견한 관계식

$$e^{-t} = \lim_{n \to \infty} \left(1 - \frac{t}{n}\right)^n$$

을 사용해 감마함수를 다음과 같이 썼다.

$$\Gamma(z) = \int_0^\infty t^{z-1} \left[\lim_{n \to \infty} \left(1 - \frac{t}{n}\right)^n\right] dt$$

$$= \lim_{n \to \infty} \int_0^n t^{z-1} \left(1 - \frac{t}{n}\right)^n dt$$

여기서

$$I(n, z) = \int_0^n t^{z-1} \left(1 - \frac{t}{n}\right)^n dt$$

라고 놓자. 이때

$$\Gamma(z) = \lim_{n \to \infty} I(n, z) \quad (3\text{-}7\text{-}5)$$

이다.

부분적분을 이용하면,

$$I(n,z) = \left[\frac{t^z}{z}\left(1-\frac{t}{n}\right)^n\right]_0^n + \frac{n}{nz}\int_0^n t^z\left(1-\frac{t}{n}\right)^{n-1} dt$$

이 되고,

$$\left[\frac{t^z}{z}\left(1-\frac{t}{n}\right)^n\right]_0^n = 0$$

이므로,

$$I(n,z) = \frac{n}{nz}\int_0^n t^z\left(1-\frac{t}{n}\right)^{n-1} dt$$

이 된다. 이 식을 한 번 더 부분적분을 하면

$$I(n,z) = \frac{n(n-1)}{nzn(z+1)}\int_0^n t^{z+1}\left(1-\frac{t}{n}\right)^{n-2} dt$$

이 되고, 다시 한 번 부분적분을 하면

$$I(n,z) = \frac{n(n-1)(n-2)}{nzn(z+1)n(z+2)}\int_0^n t^{z+2}\left(1-\frac{t}{n}\right)^{n-3} dt$$

이 된다. 이런식으로 계속부분적분을 하면

$$I(n,z) = \frac{n(n-1)(n-2)\cdots(n-(n-1))}{nzn(z+1)n(z+2)\cdots n(z+(n-1))} \int_0^n t^{z+n-1}\left(1-\frac{t}{n}\right)^{n-n} dt$$

$$= \frac{n(n-1)(n-2)\cdots(n-(n-1))}{nzn(z+1)n(z+2)\cdots n(z+(n-1))} \int_0^n t^{z+n-1} dt$$

$$= \frac{n(n-1)(n-2)\cdots(n-(n-1))}{nzn(z+1)n(z+2)\cdots n(z+(n-1))} \frac{n^{z+n}}{z+n}$$

$$= \frac{n!n^z}{z(z+1)(z+2)\cdots(z+n)} \qquad (3\text{-}7\text{-}6)$$

이 된다. 그러므로 감마함수는 다음과 같이 쓸 수 있다.

$$\Gamma(z) = \lim_{n\to\infty} \frac{n!n^z}{z(z+1)(z+2)\cdots(z+n)} \qquad (3\text{-}7\text{-}7)$$

식(3-7-6)으로부터 감마함수를 다음과 같이 나타낼 수 있다.

$$\Gamma(z) = \lim_{n\to\infty} I(n,z)$$

$$= \lim_{n\to\infty} \frac{n^z}{z} \prod_{k=1}^{n} \frac{k}{z+k}$$

$$= \frac{1}{z} \prod_{k=1}^{\infty} \left(1+\frac{z}{k}\right)^{-1} \left(1+\frac{1}{k}\right)^z$$

그러므로

$$\Gamma(z) = \lim_{n\to\infty} I(n,z)$$

$$= \lim_{n\to\infty} \frac{n^z}{z} \prod_{k=1}^{n} \frac{k}{z+k}$$

$$= \lim_{n\to\infty} \frac{e^{z\ln n}}{z} \prod_{k=1}^{n} \left(1+\frac{z}{k}\right)^{-1}$$

$$= \lim_{n\to\infty} \frac{e^{z\left[\sum_{k=1}^{n}\frac{1}{k} - \sum_{k=1}^{n}\frac{1}{k} + \ln n\right]}}{z} \prod_{k=1}^{n} \left(1+\frac{z}{k}\right)^{-1}$$

이 되고, 오일러-마셰로니 상수

$$\gamma = \lim_{n\to\infty} \left[\sum_{k=1}^{n} \frac{1}{k} - \ln n\right]$$

를 이용하면,

$$\Gamma(z) = \frac{e^{-\gamma z}}{z} \prod_{k=1}^{\infty} e^{\frac{z}{k}} \left(1+\frac{z}{k}\right)^{-1} \qquad (3\text{-}7\text{-}8)$$

라고 쓸 수 있다.

3-8 오일러의 정수론

이제 오일러가 정수론에서 남긴 업적을 살펴보자. 정수론이란 정수의 성질을 연구하는 수학의 한 분야이다. 오일러가 찾아낸 정리들을 몇 개 소개해보자.

[정리1] p가 소수이고 a가 자연수이면 $(a+1)^p - (a^p + 1)$은 p로 나누어 떨어진다.

이 정리를 증명하기 위해 오일러는 뉴턴의 이항정리공식[9]을 이용했다. 이 공식에 의하면

$$(a+1)^p = a^p + pa^{p-1} + \frac{p(p-1)}{2!}a^{p-2} + \cdots + pa + 1$$

이 된다. 그러므로

$$(a+1)^p - a^p - 1 = p\left[a^{p-1} + \frac{p(p-1)}{2!}a^{p-2} + \cdots + a\right]$$

가 되어, $(a+1)^p - (a^p + 1)$은 p로 나누어 떨어진다.

---

9) 2권 (8-4-1)

[정리2] p가 소수이고, $a^p - a$가 p로 나누어떨어지면 $(a+1)^p - (a+1)$은 p로 나누어 떨어진다.

오일러는 다음과 같이 증명했다.

$$(a+1)^p - (a+1) = (a+1)^p - (a^p + 1) + a^p - a$$

라 놓을 수 있고, 조건에 의해 $a^p - a$은 p의 배수이고, 정리1에 의해 $(a+1)^p - (a^p + 1)$도 p의 배수이므로, $(a+1)^p - (a+1)$은 p의 배수이다.

[정리3] p가 소수이고 a를 자연수라고 할 때 $a^p - a$는 p로 나누어 떨어진다.

이 정리를 증명하기 위해 오일러는 수학적귀납법을 사용했다. 위 명제를 $p(a)$라고 두자. 이때 $p(1)$을 보자. 이 명제는 '$a - a = 0$은 p로 나누어 떨어진다'가 된다. 0은 모든 수로 나누어 떨어지므로 $p(1)$은 참이다. 오일러는 $p(a)$가 참이라고 가정했다. 이때 명제 $p(a+1)$은 다음과 같다.

$p(a+1)$: p가 소수이고 a를 자연수라고 할 때 $(a+1)^p - (a+1)$는 p로 나누어떨어진다.

명제 $p(a+1)$은 정리2에 의해 참이다. 그러므로 모든 자연수 a에 대해 명제 $p(a)$는 참이다.

[정리4] p가 소수이고 a가 p를 약수로 갖지 않는 자연수라고 할 때 $a^{p-1}-1$는 p로 나누어떨어진다.

이 정리는 페르마가 처음 추측했지만 페르마 자신은 이 정리를 증명하지 못했다. 오일러는 [정리1], [정리2], [정리3]를 이용해 이 정리를 멋지게 증명했다. 오일러의 증명을 보자.

$$a^p - a = a(a^{p-1}-1)$$

이다. [정리3]에 의해 이 식의 좌변은 p의 배수이다. 그런데 a가 p의 배수가 아니므로, $a^{p-1}-1$은 p의 배수가 되어야 한다.

3-9 오일러의 변분론

이제 마지막으로 오일러의 변분론에 대해 알아보자. 두 점 사이를 최단 거리로 가는 문제를 생각해보자. 다음 그림을 보자.

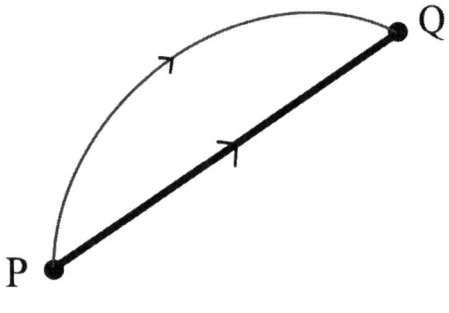

P에서 Q로 가는 두 경로가 있다. 두 경로 중에서 최단거리가 되는 경우는 직선 경로이다. 다음 그림과 같이 두 경로를 좌표평면에 나타내자. 직선 경로를 $Y(x)$라고 하고 곡선 경로를 $y(x)$라고 하자.

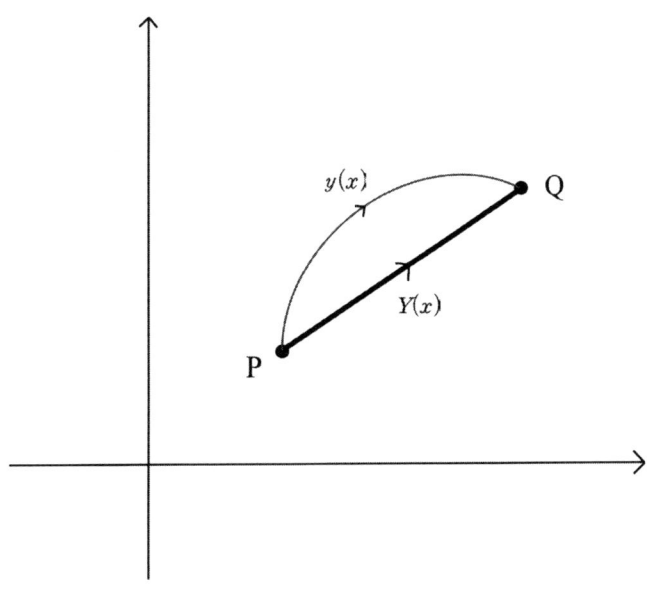

이때 각각의 경로를 따라가는 동안 경로의 길이를 구해서 어느 쪽이 큰지를 비교해 최단 경로를 찾을 수 있다. 일반적으로는 두 점을 잇는 임의의 곡선 경로를 따라갈 때 경로의 길이를 구해 그 경로의 길이가 최소값이 갖도록 경로를 찾아 그 답이 직선임을 보이면 된다. 즉 최단 경로로부터 다양하게 변화된 경로들 중에서 최소값을 찾는 문제가 된다.

오일러는 두 점사이의 최단 경로가 직선이라고하는 당연한 사실을 증명하고 싶었다. 그래서 1733년 오일러는 다음과 같은 임의의 적분을 생각했다.

$$I = \int_a^b F(y, y') dx \qquad (3\text{-}9\text{-}1)$$

여기서 $y' = \dfrac{dy}{dx}$ 이고, y는 x의 함수이다. 그러므로 $y(x)$는 어떤 그래프를 나타낸다. 오일러는 y와 y'을 독립변수로 택했다. 그러므로 $F(y, y')$은 이변수함수이다. 적분 I가 $x = a$부터 $x = b$까지의 적분이므로 곡선의 양 끝점을 P, Q라고 하면

$$P(a, y(a))$$

$$Q(b, y(b))$$

가 된다. 예를 들어 다음 그림을 보자.

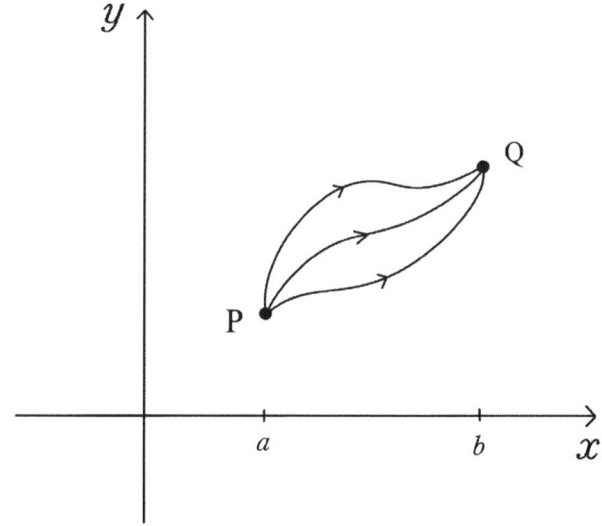

그림에 보이는 세 개의 곡선은 두 점 P, Q를 연결하는 곡선들이다. 이런 식으로 두 점을 연결하는 곡선은 무한히 많이 생긴다. 오일러는 무수히 많

은 곡선들 중에서 I가 극값을 가지게 하는 곡선을 찾는 방법을 고민했다. $y = f(x)$의 극값을 구하려면 $y' = f'(x) = 0$이 되는 x값을 구해야 한다.

오일러는 두 점을 연결하는 임의의 경로로

$$Y(x) = y(x) + t\eta(x) \qquad (3\text{-}9\text{-}2)$$

를 선택했다. 여기서 $y(x)$는 I가 극값을 가질 때의 경로를 나타내는 곡선이고, t는 변수이고 $\eta(x)$는 임의의 함수이다. 그러니까 $Y(x)$는 I가 극값을 가질 때의 경로에 어떤 변화를 주는 양 $t\eta(x)$를 더한 값이다. 이때 $t = 0$이면 $Y = y$이다.

오일러는 다음과 같이 t에 따라 변하는 적분을 생각했다.

$$I(t) = \int_a^b F(Y, Y') dx \qquad (3\text{-}9\text{-}3)$$

이 적분은 t에 따라서 변하게 된다. 즉, 두 점을 잇는 모든 경로들에 따라 달라지게 된다. 오일러는 $I(t)$가 $t = 0$일 때 극값을 가지며 그 극값은 I가 되어야 한다고 생각했다. 이것은 극값조건

$$\left. \frac{dI(t)}{dt} \right|_{t=0} = 0 \qquad (3\text{-}9\text{-}4)$$

를 의미한다. 식 (3-9-2)로부터

$$\frac{dY}{dt} = \eta(x)$$

$$\frac{dY'}{dt} = \eta'(x) \qquad (3\text{-}9\text{-}5)$$

이다. 한편 모든 곡선 Y는 양끝점이 y와 일치해야하므로

$$Y(a) = y(a), \ Y(b) = y(b)$$

이다. 이것은

$$\eta(a) = \eta(b) = 0 \qquad (3\text{-}9\text{-}6)$$

을 의미한다.

미분의 연쇄규칙을 이용하면

$$\frac{dI(t)}{dt} = \int_a^b \frac{dF(Y, Y')}{dt} dx$$

$$= \int_a^b \left[\frac{\partial F(Y, Y')}{\partial Y} \frac{dY}{dt} + \frac{\partial F(Y, Y')}{\partial Y'} \frac{dY'}{dt} \right] dx$$

$$= \int_a^b \left[\frac{\partial F(Y, Y')}{\partial Y} \eta(x) + \frac{\partial F(Y, Y')}{\partial Y'} \eta'(x) \right] dx \qquad (3\text{-}9\text{-}7)$$

이다. $t = 0$때 $Y = y$이므로, $\left. \dfrac{dI(t)}{dt} \right|_{t=0} = 0$는

$$\int_a^b \left[\frac{\partial F(y,y')}{\partial y} \eta(x) + \frac{\partial F(y,y')}{\partial y'} \eta'(x) \right] dx = 0 \qquad (3\text{-}9\text{-}8)$$

가 된다. 부분적분을 이용하면

$$\int_a^b \frac{\partial F(y,y')}{\partial y'} \eta'(x) dx$$

$$= \left[\frac{\partial F(y,y')}{\partial y'} \eta(x) \right]_a^b - \int_a^b \frac{d}{dx}\left(\frac{\partial F(y,y')}{\partial y'} \right) \eta(x) dx \qquad (3\text{-}9\text{-}9)$$

가 된다. (3-9-6)을 이용하면,

$$\left[\frac{\partial F(y,y')}{\partial y'} \eta(x) \right]_a^b = 0$$

이므로, (3-9-8)은

$$\int_a^b \left[\frac{\partial F(y,y')}{\partial y} - \frac{d}{dx}\left(\frac{\partial F(y,y')}{\partial y'} \right) \right] \eta(x) dx = 0 \qquad (3\text{-}9\text{-}10)$$

이 된다. 이 식이 모든 $\eta(x)$에 대해 성립해야하므로

$$\frac{\partial F(y,y')}{\partial y} - \frac{d}{dx}\left(\frac{\partial F(y,y')}{\partial y'} \right) = 0 \qquad (3\text{-}9\text{-}11)$$

가 된다. 이것은 바로 I가 극값을 갖게 하는 $y(x)$가 만족해야하는 식이다.

이것을 오일러 방정식이라고 부른다.

오일러 방정식에 의해 결정된 $y(x)$ ($t=0$인 경우)에 의해

$$\left.\frac{d^2 I(t)}{dt^2}\right|_{t=0} > 0$$

이면 I는 극소값을 갖고,

$$\left.\frac{d^2 I(t)}{dt^2}\right|_{t=0} < 0$$

이면 I는 극대값을 갖는다.

$$\frac{d}{dt}\left(\frac{\partial F(Y,Y')}{\partial Y}\right) = \frac{\partial}{\partial Y}\left(\frac{\partial F(Y,Y')}{\partial Y}\right)\frac{dY}{dt} + \frac{\partial}{\partial Y}\left(\frac{\partial F(Y,Y')}{\partial Y}\right)\frac{dY}{dt}$$

$$= \frac{\partial}{\partial Y}\left(\frac{\partial F(Y,Y')}{\partial Y}\right)\eta(x) + \frac{\partial}{\partial Y}\left(\frac{\partial F(Y,Y')}{\partial Y}\right)\eta'(x)$$

이고,

$$\frac{d}{dt}\left(\frac{\partial F(Y,Y')}{\partial Y}\right) = \frac{\partial}{\partial Y}\left(\frac{\partial F(Y,Y')}{\partial Y}\right)\frac{dY}{dt} + \frac{\partial}{\partial Y}\left(\frac{\partial F(Y,Y')}{\partial Y}\right)\frac{dY}{dt}$$

$$= \frac{\partial}{\partial Y}\left(\frac{\partial F(Y,Y')}{\partial Y}\right)\eta(x) + \frac{\partial}{\partial Y}\left(\frac{\partial F(Y,Y')}{\partial Y}\right)\eta'(x)$$

이므로,

$$\left.\frac{d^2 I(t)}{dt^2}\right|_{t=0}$$

$$= \int_a^b \left[\frac{\partial^2 F(y,y')}{\partial y^2}\eta(x) + 2\frac{\partial^2 F(y,y')}{\partial y \partial y'}\eta(x)\eta'(x) + \frac{\partial^2 F(y,y')}{\partial y'^2}\eta'(x)^2 \right] dx$$

(3-9-12)

이 된다.

오일러는 오일러방정식을 이용해 두 점을 잇는 거리를 최소로 만드는 곡선이 직선10)임을 증명했다. 다음 그림을 보자.

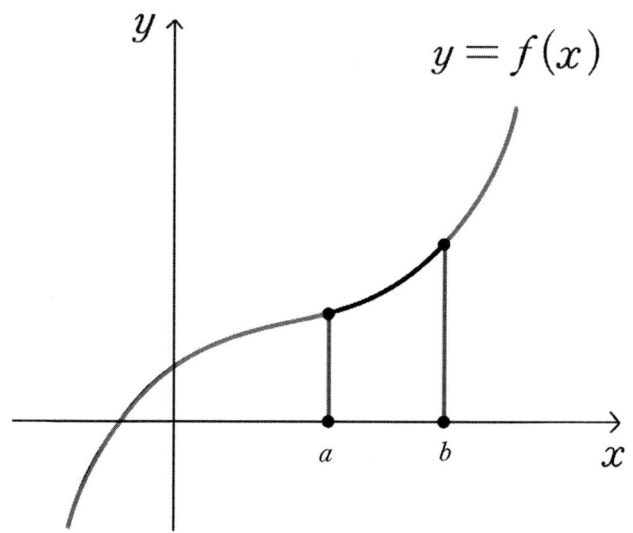

이 그래프는 함수 $y = f(x)$를 나타낸다. 이제 $x = a$에서 $x = b$까지에 대응되는 곡선 부분의 길이를 구해보자. 다음 그림을 보자.

---

10) 고등학교에서는 직선과 곡선을 구별하지만 수학에서는 직선을 곡선의 특수한 경우로 본다.

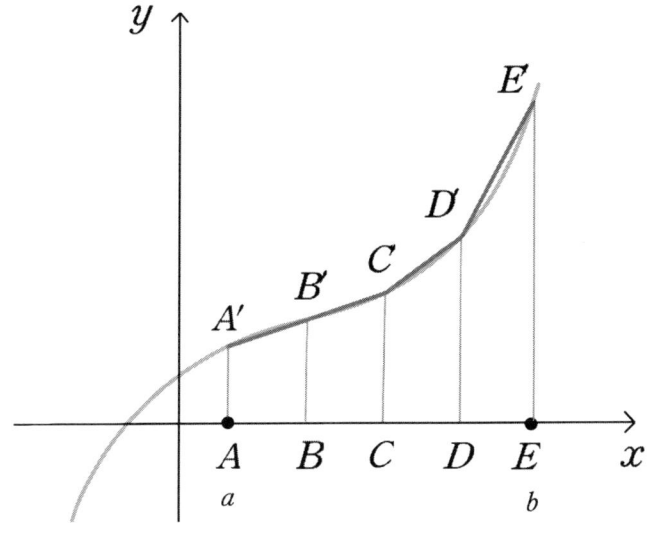

x축 상에서 $x=a$에 대응되는 점이 A이고 $x=b$에 대응되는 점이 E이다. 여기서 B, C, D는 선분 AB를 4등분한 점이다. 이때 x축 위의 다섯 개의 점에 대응되는 $y=f(x)$ 위의 점을 A', B', C', D', E이라고 했다. 이때 A'에서 E까지의 거리가 우리가 구하려고 하는 곡선의 길이이다. 여기서 선분 $A'B'$의 길이, 선분 $B'C'$의 길이, 선분 $C'D'$의 길이, 선분 $D'E$의 길이를 생각해 보자. 이제 A'에서 E까지 곡선의 길이는 선분 $A'B'$의 길이, 선분 $B'C'$의 길이, 선분 $C'D'$의 길이, 선분 $D'E$의 길이를 더한 것과 비슷하다는 것을 알 수 있다. 물론 비슷하기는 해도 똑같지는 않다. 선분 AB를 100등분, 1000등분, 10000등분, 이런 식으로 무한히 잘게 쪼개면 어떻게 될까? 그러면 곡선의 길이와 같아진다. 수학자들은 선분 AB를 무한히 잘게 등분하는 극한을 생각한다. 이 경우 곡선의 길이는 각 선분들의 길이의 합과 같아진다. 다음 그림을 보자.

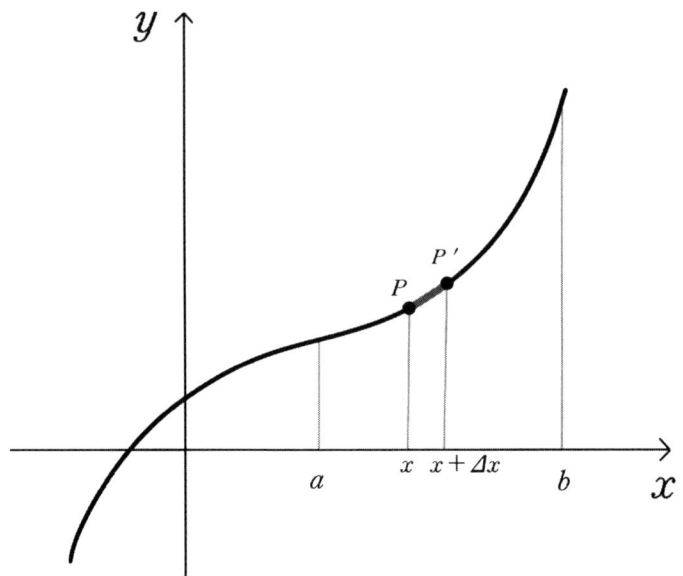

x축 위의 임의의 점 x와 $x+\Delta x$를 생각해 보자. 이 두 점에 대응되는 $y=f(x)$ 위의 점을 각각 P, P'이라고 해보자. 이제 P점의 y좌표는 $f(x)$이고 P'점의 y좌표는 $f(x+\Delta x)$가 된다. 여기서 Δx는 아주 작다고 생각하자. 이때 P와 P'사이의 곡선의 길이는 선분 PP'의 길이와 거의 비슷해진다. 이제 선분 PP'의 길이를 구해보자.

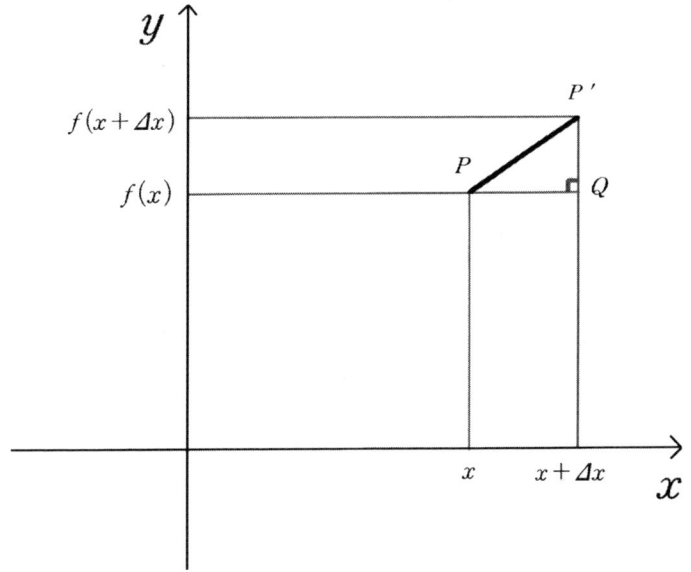

여기서 직각삼각형 $PP'Q$를 다시 그려보자. 그리고 선분 PP'의 길이를 Δs라고 하자.

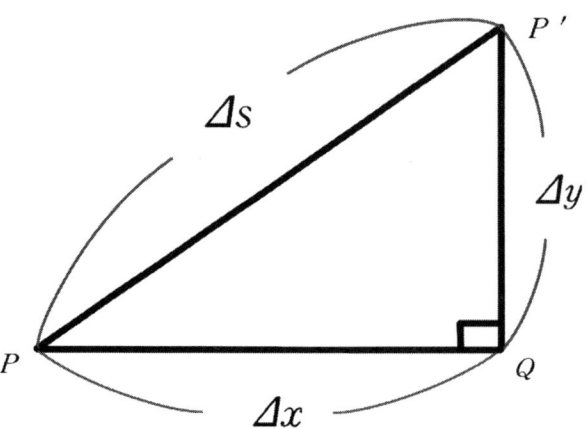

피타고라스의 정리를 쓰면

$$\Delta s^2 = \Delta x^2 + \Delta y^2$$

이 된다. 여기서

$$\Delta y = f(x + \Delta x) - f(x)$$

이다. 이제 우리는 극한을 사용하자. Δx를 0으로 보내는 극한을 생각하자. 이 극한을 dx라고 한다. Δx가 0에 가까워지면 Δy도 0에 가까워지는데 이 극한을 dy라고 쓰자. 이 극한에서 Δs도 0에 가까워지는 데 이 극한을 ds라고 쓰고 길이요소라고 부르자.

즉, 길이요소는

$$ds = \sqrt{dx^2 + dy^2}$$

이 된다. 길이요소를 모두 더하는 게 적분이므로 곡선의 길이는

$$L = \int_{x=a}^{b} ds = \int_{x=a}^{b} \sqrt{dx^2 + dy^2} \qquad (3\text{-}9\text{-}12)$$

가 된다.

한편,

$$\Delta y = f(x + \Delta x) - f(x)$$

에서 테일러 전개를 쓰면

$$\Delta y \approx f(x) + \Delta x f'(x) - f(x) = \Delta x f'(x)$$

이 되므로

$$dy = f'(x) dx$$

가 된다. 따라서

곡선의 길이는

$$L = \int_{x=a}^{b} dx \sqrt{1 + (f'(x))^2} \qquad (3\text{-}9\text{-}13)$$

또는

$$L = \int_{x=a}^{b} dx \sqrt{1 + (y'(x))^2} \qquad (3\text{-}9\text{-}14)$$

이 된다. 이것과 (3-9-1)을 비교하면

$$F(y, y') = \sqrt{1 + y'^2}$$

이 된다. 한편

$$\frac{\partial F}{\partial y} = 0$$

$$\frac{\partial F}{\partial y'} = \frac{y'}{\sqrt{1 + y'^2}}$$

이므로, 오일러 방정식은

$$\frac{d}{dx}\left(\frac{y'}{\sqrt{1 + y'^2}}\right) = 0$$

가 된다. 이것은

$$\frac{y'}{\sqrt{1 + y'^2}} = 상수$$

라는 것을 의미한다. 그러므로

$$y' = 상수 = m$$

이 된다. 그러므로

$$y = mx + n$$

이 되어, 직선의 방정식이 된다. 즉 두 점을 잇는 곡선이 직선일 때 I는 극값을 갖는다. 이 극값이 극소값인지 극대값인지 알기 위해서는 $\dfrac{d^2 I(t)}{dt^2}\bigg|_{t=0}$ 의 부호를 조사해야한다. $y = mx + n$ 일 때,

$$\frac{\partial^2 F}{\partial y'^2} = \frac{1}{(\sqrt{1+y'^2})^3} = \frac{1}{(\sqrt{1+m^2})^3}$$

$$\frac{\partial^2 F}{\partial y^2} = 0$$

$$\frac{\partial^2 F}{\partial y \partial y'} = 0$$

이므로,

$$\frac{d^2 I(t)}{dt^2}\bigg|_{t=0} = \int_a^b \frac{1}{(\sqrt{1+m^2})^3} \eta'^2 dx > 0$$

이므로 I는 $y = mx + n$ 일 때, 극소값을 갖는다. 극소값이 하나이므로 이 극소값은 최소값이 된다. 즉, 두 점을 잇는 경로 중에서 두 점 사이의 거리를 최소로 만드는 경로는 두 점을 잇는 직선이 된다.

3-10 오일러 수의 발견

오일러의 또 하나의 위대한 발견은 순열과 관련된 재미난 수인 오일러 수의 발견이다. 예를 들어 (1 2 3)을 (2 3 1)로 바꾸는 순열을 생각하자. 이것을

$$(1\ 2\ 3) \to w = (\ w(1)\ \ w(2)\ \ w(3)\ )$$

라고 쓰면 순열

$$(1\ 2\ 3) \to (2\ 3\ 1)$$

에서

$$w(1) = 2$$
$$w(2) = 3$$
$$w(3) = 1$$

이 된다. 이렇게 $w(1), w(2), w(3)$를 1, 2, 3 중 하나로 서로 다르게 선택함으로써 모든 순열을 얻을 수 있다. 그러므로 n개의 수

$$(1\ 2\ 3 \cdots n\ )$$

의 순열은

$$(1\ 2\ 3 \cdots n\ ) \to w = (\ w(1)\ \ w(2)\ \ w(3)\ \cdots w(n)\ )$$

이라고 쓸 수 있다.

오일러는 이 순열에 대해 하강(descent)를 $\mathrm{Des}(w)$라고 쓰고 다음과 같이 정의했다.

$$\mathrm{Des}(w) = \{\, i \,|\, w(i) > w(i+1)\} \quad \text{(3-10-1)}$$

즉, 하강은 집합이다.

예를 들어 다음 순열을 보자.

$$w = (\,3\ 1\ 2\ 5\ 6\ 4\ 7\,)$$

이 경우

$$w(1) = 3$$
$$w(2) = 1$$
$$w(3) = 2$$
$$w(4) = 5$$
$$w(5) = 6$$
$$w(6) = 4$$
$$w(7) = 7$$

이 된다. $w(1) > w(2)$이므로 1은 하강의 원소이다. 하지만 $w(2) < w(3)$이므로 2는 하강의 원소가 아니다. 이런식으로 하강의 원소를 모두 구하면

$$\mathrm{Des}(w) = \{\,1,\,5\,\}$$

가 된다. 하강의 원소의 개수를 $\mathrm{des}(w)$라고 쓴다. 그러므로 이 경우

$$\mathrm{des}(w) = 2$$

이다.

오일러는 순열

$$(1\ 2\ 3\ \cdots\ n\ ) \to w = (\ w(1)\ \ w(2)\ \ w(3)\ \ \cdots w(n)\ )$$

에 대해 다음과 같은 수를 정의했다.

$$E(n,k) : \mathrm{des}(w) = k \text{인 순열의 개수}$$

이 수를 오일러수라고 부른다.

예를 들어 $n = 2$인 경우를 보자. 이 경우 순열을 다음 두 종류이다.

$$w = (\ 1\ \ 2\ )$$

또는

$$w = (\ 2\ \ 1\ )$$

$w = (\ 1\ \ 2\ )$에서는 1이 하강의 원소이고, $w = (\ 2\ \ 1\ )$에서 하강의 원소는 없다. 그러므로

하강의 원소의 개수가 0개인 순열은 1개로

$$E(2,0) = 1$$

가 되고, 하강의 원소의 개수가 1개인 순열은 1개로

$$E(2,1) = 1$$

이 된다.

이번에는 $n = 3$인 경우를 보자. 이 경우 가능한 순열의 개수는 $3! = 6$가지이다. 하강의 개수에 따라 분류하면 다음과 같다.

(i) 하강이 0개인 순열

$$(1\ 2\ 3)$$

(ii) 하강이 1개인 순열

$$(2\ 1\ 3)$$
$$(1\ 3\ 2)$$
$$(2\ 3\ 1)$$
$$(3\ 1\ 2)$$

(iii) 하강이 2개인 순열

$$(3\ 2\ 1)$$

그러므로 다음과 같은 오일러 수들이 나타난다.

$$E(3,0) = 1$$

$$E(3,1) = 4$$

$$E(3,2) = 1$$

이번에는 $n = 4$인 경우를 보자. 이 경우 가능한 순열의 개수는 $4! = 24$가지이다. 하강의 개수에 따라 분류하면 다음과 같다.

(i) 하강이 0개인 순열

(1 2 3 4)

(ii) 하강이 1개인 순열

(1243)
(1324)
(1342)
(1423)
(2134)
(2314)
(2341)
(2413)
(3124)

(3412)

(4123)

(iii) 하강이 2개인 순열

(3421)

(4231)

(2431)

(3241)

(4312)

(4132)

(1432)

(3142)

(4213)

(2143)

(3214)

(iv) 하강이 3개인 순열

(4321)

그러므로 다음과 같은 오일러 수들이 나타난다.

$$E(4,0) = 1$$

$$E(4,1) = 11$$

$$E(4,2) = 11$$

$$E(4,3) = 1$$

같은 방법으로 $n=5$인 경우를 조사하면

$$E(5,0) = 1$$

$$E(5,1) = 26$$

$$E(5,2) = 66$$

$$E(5,3) = 26$$

$$E(5,4) = 1$$

오일러수는 다음과 같은 관계식을 만족한다.

$$E(n,k) = (n-k)E(n-1,k-1) + (k+1)E(n-1,k)$$

예를 들어 $n=4, k=1$인 경우를 보면

$$E(4,1) = 3E(3,0) + 2E(3,1)$$

이 된다. 왜 이 등식이 성립하는 지 알아보자. $E(3,0)=1$이고 이것은 순열

123

에서 나온다. 여기서 4를 하나 추가해서 하강이 한 번 생기게 하는 방법은

4123

1423

1243

의 3가지 경우가 된다. 그리고 $E(3,1)$은 하강이 한 번 일어난 순열의 수이다. 이 경우에는 4를 추가해서 하강이 한 번 일어나는 것으로 유지되어야 한다. 예를 들어 123에서 하강이 한 번 일어난 경우로 다음 순열을 생각하자.

132

여기에 4를 추가해 하강이 한 번 일어나는 것으로 유지되는 경우는

1324

1342

의 2가지 경우이다. 그러므로 오일러 등식이 성립한다는 쉽게 알 수 있다.

3-11 라그랑주의 해석역학

이제 해석역학의 창시자인 라그랑주에 관한 이야기를 해보자.

(Joseph-Louis Lagrange 1736 - 1813 이탈리아-프랑스)

라그랑주는 1736년 1월 25일 ~ 1813년 4월 10일) 이탈리아 토리노에서 태어났다. 라그랑주의 증조부는 프랑스인이었지만 그의 부모는 이탈리아

인이었다. 그래서 그는 이탈리아의 과학자이자 프랑스의 과학자로 여겨진다. 유복하게 태어난 라그랑주는 어릴 때 아버지가 투기로 대부분의 재산을 잃어 경제적으로 어려움을 겪었다. 라그랑주의 아버지는 그가 법을 공부하기를 바랐지만 라그랑주는 17세때 우연히 발견한 에드먼드 핼리의 논문을 읽고 수학에 흥미를 갖고 혼자서 수학공부를 했다. 그 후 그는 토리노 대학교에서 물리학과 수학을 공부했다.

1755년 8월 12일 19세의 라그랑주는 오일러의 변분론에 관심을 가졌고, 오일러의 방법과는 전혀 다른 해석적인 방법을 이용해 변분론을 만들 수 있다는 요약문을 보냈다. 이후 변분론은 오일러와 라그랑주에 의해 완성되게 되었다.

라그랑주는 프랑스혁명에서 살아남아 에콜 폴리테크니크에서 1794년 개교와 동시에 해석학의 첫 번째 교수가 되었다. 라그랑주는 1799년 상원위원으로 선출되었고 나폴레옹은 1803년에 그에게 레지옹 도뇌르 훈장을 수여하고 1808년 그를 제국의 백작으로 임명했다. 그는 팡테옹에 묻혔으며 그의 이름은 에펠탑에 새겨진 72개의 이름 중 하나로 남아있다.

오일러가 먼저 변분론의 아이디어를 낸 것은 사실이지만 라그랑주는 변분론을 역학에 적용하는 방법을 찾아냈다. 뉴턴의 운동방정식[11]은 질량 m인 물체에 힘 F가 작용하면 가속도 a가 생기는데

$$F = ma \qquad (3\text{-}11\text{-}1)$$

---

[11] 2권 참고

를 따른다는 것이다. 여기서 가속도 a는 속도 v의 미분으로

$$a = \frac{dv}{dt} \qquad (3\text{-}11\text{-}2)$$

이고 v는 일차원에서 위치를 나타내는 x의 시간 미분으로

$$v = \frac{dx}{dt} \qquad (3\text{-}11\text{-}3)$$

이다.

이 힘이 질량 m인 물체에 작용해 물체의 위치가 1에서 2로 변했을 때 이 힘이 한 일을 A라고 하면

$$A = \int_1^2 F dx \qquad (3\text{-}11\text{-}4)$$

이 된다. 식(3-11-4)에 (3-11-1)과 (3-11-2)를 넣으면

$$A = \int_1^2 m\frac{dv}{dt}dx = \int_1^2 m\frac{dv}{dt}\frac{dx}{dt}dt = \int_1^2 m\frac{dv}{dt}v dt$$

이 되고, 미분의 연쇄규칙

$$\frac{d}{dt}(v^2) = 2v\frac{dv}{dt}$$

을 이용하면

$$A = \int_1^2 \frac{d}{dt}\left(\frac{1}{2}mv^2\right)dt \qquad (3\text{-}11\text{-}5)$$

가 된다. 여기서 운동에너지를

$$T = \frac{1}{2}mv^2 \qquad (3\text{-}11\text{-}6)$$

이라고 하면

$$A = T_2 - T_1 \qquad (3\text{-}11\text{-}7)$$

이다. 여기서 T_1, T_2는 물체가 1에 있을 때와 2에 있을 때의 운동에너지이다.

한편 만일 주어진 F가

$$F = -\frac{dV}{dx} \qquad (3\text{-}11\text{-}8)$$

의 꼴로 표현될 수 있으면 이때 V를 퍼텐셜에너지라고 부른다. 퍼텐셜에너지로 일을 나타내면

$$A = \int_1^2 \left(-\frac{dV}{dx}\right)dx = -(V_2 - V_1) \qquad (3\text{-}11\text{-}9)$$

이 된다. 식(3-11-7)과 식 (3-11-9)로부터

$$T_2 - T_1 = -(V_2 - V_1)$$

또는

$$T_2 + V_2 = T_1 + V_1 \qquad (3\text{-}11\text{-}10)$$

이 된다. 이것은 두 지점에서 $T+V$의 값이 같다는 것을 의미한다. 임의의 두 점을 택했으므로 모든 지점에서 $T+V$의 값은 같아진다. 이것은 모든 시각에서 $T+V$의 값이 같아진다는 것을 의미하는 데 이것을

$$E = T + V \qquad (3\text{-}11\text{-}11)$$

라고 쓰고 역학적에너지라고 부른다. 만일 힘이 (3-11-11)에 주어진 꼴이면 역학적에너지는 매 시각 달라지지 않는데 이것을 역학적에너지 보존이라고 부르고 역학적에너지 보존을 주는 힘 (3-11-8)을 보존력이라고 부른다. 보존력에 대한 뉴턴 방정식은

$$ma = -\frac{dV}{dx} \qquad (3\text{-}11\text{-}12)$$

가 된다. 라그랑주는 퍼텐셜에너지가 x만의 함수인 경우를 생각했다. 그 경우

$$\frac{dV}{dx} = \frac{\partial V}{\partial x}$$

가 된다. 그러므로 식(3-11-12)는

$$m\frac{dv}{dt} = -\frac{\partial V}{\partial x}$$

가 된다. 라그랑주는 x와 v가 서로 독립이라고 가정해보았다. 이 경우,

$$\frac{\partial v}{\partial x} = 0$$

$$\frac{\partial x}{\partial v} = 0$$

가 되고, 좀 더 일반적으로 임의의 v만의 함수 $F(v)$와 x만의 함수 $G(x)$에 대해,

$$\frac{\partial F(v)}{\partial x} = 0$$

$$\frac{\partial G(x)}{\partial v} = 0$$

가 된다는 것을 알아냈다. 한편

$$\frac{\partial}{\partial v}\left(\frac{1}{2}mv^2\right) = mv$$

이므로, 식(3-11-12)는

$$\frac{d}{dt}\frac{\partial}{\partial v}\left(\frac{1}{2}mv^2\right) = -\frac{\partial V}{\partial x}$$

가 된다는 것을 알아냈다. 또한

$$\frac{\partial}{\partial v} V(x) = 0$$

$$\frac{\partial}{\partial x}\left(\frac{1}{2}mv^2\right) = 0$$

이므로, 식(3-11-12)는

$$\frac{d}{dt}\frac{\partial}{\partial v}\left(\frac{1}{2}mv^2 - V(x)\right) = \frac{\partial}{\partial x}\left(\frac{1}{2}mv^2 - V(x)\right)$$

이 된다. 이 식에서

$$L = \frac{1}{2}mv^2 - V(x)$$

이라고 두면 식 (3-11-12)는

$$\frac{\partial L}{\partial x} - \frac{d}{dt}\frac{\partial L}{\partial v} = 0 \qquad (3\text{-}11\text{-}13)$$

가 된다.

$v = \dfrac{dx}{dt} = \dot{x}$ 로 나타내면, 식(3-11-13)은

$$\frac{\partial L}{\partial x} - \frac{d}{dt}\frac{\partial L}{\partial \dot{x}} = 0$$

가 되어 오일러 방정식과 완전히 일치하게 된다. 그러므로

$$W = \int_{t_1}^{t_2} L(x, \dot{x}) dt$$

라고 정의하면 보존력에 대한 뉴턴 방정식은 W가 극값을 갖는 조건과 같아지게 된다. 여기서 L을 라그랑지안이라고 부르고 W를 작용(action)이라고 부른다.

3-12 라그랑주 곱수

라그랑주의 수학에서의 또 하나의 업적은 라그랑주 곱수의 발견이다. 2변수 함수 $f(x,y)$를 생각하자. 이 함수의 극값은

$$df = 0 \qquad (3\text{-}12\text{-}1)$$

에 의해 결정된다. 위 식을 다시 쓰면

$$df = \frac{\partial f}{\partial x}dx + \frac{\partial f}{\partial y}dy = 0$$

이므로 극값이 되기 위한 조건은

$$\frac{\partial f}{\partial x} = \frac{\partial f}{\partial y} = 0 \qquad (3\text{-}12\text{-}2)$$

가 된다. 라그랑주는 $f(x,y)$의 극값을 결정하는데 x, y가 독립적이지 않고

$$\phi(x,y) = 0 \qquad (3\text{-}12\text{-}3)$$

라는 관계를 만족하는 경우를 생각했다. 이 경우

$$d\phi = \frac{\partial \phi}{\partial x}dx + \frac{\partial \phi}{\partial y}dy = 0 \qquad (3\text{-}12\text{-}4)$$

가 된다. 이것은 dx와 dy가 독립적이지 않고,

$$dy = -\left(\frac{\frac{\partial \phi}{\partial x}}{\frac{\partial \phi}{\partial y}}\right)dx \qquad (3\text{-}12\text{-}5)$$

의 관계를 만족한다는 것을 알 수 있다. (3-12-5)를 (3-12-1)에 넣으면

$$df = \frac{\partial f}{\partial x}dx - \frac{\partial f}{\partial y}\left(\frac{\frac{\partial \phi}{\partial x}}{\frac{\partial \phi}{\partial y}}\right)dx = 0$$

또는

$$\left[\frac{\partial f}{\partial x} - \left(\frac{\frac{\partial f}{\partial y}}{\frac{\partial \phi}{\partial y}}\right)\frac{\partial \phi}{\partial x}\right]dx = 0 \qquad (3\text{-}12\text{-}6)$$

가 된다. 라그랑주는

$$-\left(\frac{\frac{\partial f}{\partial y}}{\frac{\partial \phi}{\partial y}}\right) = \lambda$$

라고 두었는데 이것을 라그랑주 곱수라고 부른다. 그러므로 식 (3-12-6)은

$$\frac{\partial f}{\partial x} + \lambda \frac{\partial \phi}{\partial x} = 0$$

또는

$$\frac{\partial}{\partial x}(f + \lambda\phi) = 0 \qquad (3\text{-}12\text{-}7)$$

이 된다. 그러므로 $\phi = 0$라는 관계를 만족할 때 $f(x,y)$의 극값문제는

$$f + \lambda\phi$$

의 극값문제로 바뀌게 된다.

 예를 들어 $x + y = 1$일 때 $x^2 + y^2 + xy$의 최소값을 구하는 문제를 보자. 이 경우

$$f(x,y) = x^2 + y^2 + xy$$

$$\phi(x,y) = x + y - 1$$

이라고 두자. 이때 f의 극값문제는

$$f + \lambda\phi$$

의 극값문제가 된다. 그러므로

$$F = f + \lambda\phi$$

라고 두면

$$\frac{\partial F}{\partial x} = 2x + y + \lambda = 0$$

$$\frac{\partial F}{\partial y} = x + 2y + \lambda = 0$$

이 F의 극값조건이다. 이 두 식은

$$x = y$$

일 때 만족된다. 즉 F는 $x = y$일 때 극값을 갖는다. 그리고

$$\frac{\partial^2 F}{\partial x^2} = 2 > 0$$

$$\frac{\partial^2 F}{\partial y^2} = 2 > 0$$

이므로 이 극값은 극소값이다. 극소값이 한 개 생기므로 이 극소값은 최소값이 된다. 한편 $x = y$와 $x + y = 1$로부터

$$x = y = \frac{1}{2}$$

이 되므로, f의 최소값은

$$f\left(\frac{1}{2}, \frac{1}{2}\right) = \frac{3}{4}$$

가 된다.